科学出版社“十三五”普通高等教育本科规划教材
新能源科学与工程专业系列教材

太阳电池和光伏组件检测及标准

侯海虹　马玉龙　张　静
钱　斌　倪志春　魏青竹　编著

科学出版社
北　京

内 容 简 介

本书以太阳电池和光伏组件的检测及标准为主要内容，在简要介绍光伏电池原理和发展的基础上，全面地介绍电池和组件检测的各方面：检测内容、相关标准、认证机构等。在体系安排上遵循企业测试顺序，从电池片生产至组件组装过程中在线检测，再至组件的可靠性及安全检测。

本书内容丰富，图文并茂，深入浅出，可作为高等院校新能源相关专业本科生、专科生的教材或参考用书，也可作为太阳能光伏企业及相关领域工程技术人员的培训及参考用书。

图书在版编目(CIP)数据

太阳电池和光伏组件检测及标准/侯海虹等编著. —北京：科学出版社，2016.12

科学出版社“十三五”普通高等教育本科规划教材·新能源科学与工程专业系列教材

ISBN 978-7-03-051306-9

Ⅰ. ①太…　Ⅱ. ①侯…　Ⅲ. ①太阳能电池－高等学校－教材　Ⅳ. ①TM914.4

中国版本图书馆 CIP 数据核字(2016)第 313736 号

责任编辑：余　江　张丽花/责任校对：郭瑞芝

责任印制：吴兆东/封面设计：迷底书装

科学出版社出版

北京东黄城根北街 16 号

邮政编码：100717

http://www sciencep com

固安县铭成印刷有限公司印刷

科学出版社发行　各地新华书店经销

*

2016 年 12 月第　一　版　开本：720×1000　1/16

2025 年 12 月第八次印刷　印张：9 3/4

字数：194 000

定价：39. 80 元

(如有印装质量问题，我社负责调换)

前　言

太阳能光伏发电能将太阳光直接转换成电能。在传统能源逐步枯竭、环境问题日益加剧之际，清洁可再生能源尤其是太阳能的利用为人类提供了解决危机的途径，其产业潜力巨大。作为清洁可再生能源，光伏发电在改变能源结构、改善生态环境方面意义重大，是目前最引人瞩目，也是最有前景的新能源技术之一。光伏产业由此受到国家高度重视，并蓬勃发展，过去 10 年中，光伏电池全球总产量平均年增长率超过 40%，而自 2007 年起，我国太阳电池年产量一直保持第一。产业发展迅速，对于相关专业人才的需求巨大。然而，由于太阳能光伏技术是一门综合性的高技术行业，涉及多个交叉学科，国内全方位的光伏应用技术专业人才匮乏。尤其是光伏测试方面，相关岗位人才缺口甚大，人才的培养已成为当务之急。为此，我们编写了本书。

本书共 7 章，从内容上分为以下 4 个部分：

(1) 光伏产品可靠性、标准及认证(第 1 章)。

(2) 太阳电池和光伏组件生产工艺和在线检测(第 2、3 章)。

(3) 太阳电池和光伏组件检测基础知识和基本测量(第 4、5 章)。

(4) 光伏组件主要国际标准介绍(第 6、7 章)。

第 1 部分是全书内容的总述，侧重于基本常识，概括介绍光伏测试的意义、相关标准及认证等内容，力图让读者对光伏测试领域有整体性的了解。第 2 部分介绍光伏企业中的生产工艺流程和在线检测要求，注重实践性和应用性，注重和企业实际接轨。第 3 部分侧重基础理论和设计，介绍光伏测试中的基础理论知识和基本测量。第 4 部分介绍目前在认证领域依据的主要国际标准。本书尽可能地反映目前光伏产品生产和检测的最先进水平和前沿内容，力求成为既有较深理论基础又有实用价值和参考意义的教科书。全书实践性很强，实施过程中需通过一定数量的实验达到掌握技术技能的目的。

本书编写过程中得到苏州腾晖光伏技术有限公司的大力协助，在此表示深深的感谢。

本书部分内容材料来自互联网，其原作者无法一一查证和联系，对此深表歉意和感谢！

由于编者水平有限，书中难免存在不足和疏漏之处，恳请各位专家、同行和广大读者予以指正。

编　者

2016年10月

目 录

第 1 章　光伏产品可靠性、标准及认证

1.1　太 阳 电 池

太阳电池是将太阳能直接转换成电能的一种器件。当太阳光照射在半导体上时，一部分被表面反射掉，其余部分被半导体吸收或透过。被吸收的光能，有一些变成热，另一些光子则同组成半导体的原子价电子碰撞，产生电子-空穴对，在 pn 结的内建电场作用下，电子、空穴相互运动，如图 1.1 所示。n 区的空穴向 p 区运动，p 区的电子向 n 区运动，使太阳电池的受光面有大量负电荷(电子)积累，而在电池的背光面有大量正电荷(空穴)积累。若在电池两端接上负载，负载上就有电流通过，当太阳光一直照射时，负载上将源源不断地有电流流过。这就是太阳电池的工作原理。

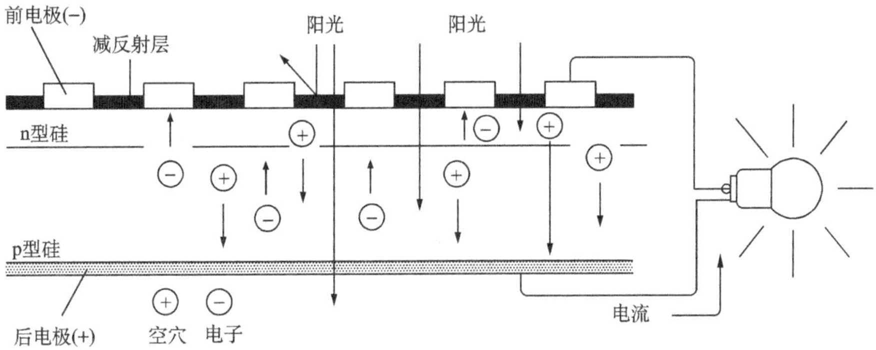

图 1.1　太阳电池原理示意图

太阳电池的工作原理基于光伏效应。1839 年 Becquerel 首先提出了这一效应的存在，他观察到浸在电解液中的电极之间有光致电压。1876 年，在硒的全固态系统中也观察到了类似现象，随后，研发出了以硒和氧化亚铜为材料的光电池。但直到 1954 年，才出现了现代硅电池的先驱产品。美国贝尔实验室的 Chapin，Fuller 和 Pearson 成功研制出世界上第一块能以适当效率将光能转换成电能的晶体硅太阳电池，它的出现标志着太阳电池研发工作的重大进展。早在 1958 年，在宇宙飞船上就使用了此种电池，到 20 世纪 60 年代初，供空间应用电池的设计已经成熟，此后 10 多年，太阳电池主要用于空间技术。

20 世纪 70 年代，硅太阳电池的发展经历了一个革新阶段，能量转换效率得到了显著的提升。与此同时，人们开始关注太阳电池的地面应用。到 70 年代末，地面用太阳电池的数量已经超过了空间应用的数量，成本也随着产量的增加而明显下降。80 年代初，出现了一些新工艺，为之后 10 年进一步降低成本奠定了基础。随着成本的不断降低，太阳电池的商业应用范围也越来越广阔。

目前太阳电池已成为最有发展前景的新能源利用技术之一，已经发展到第三代。第一代是晶体硅太阳电池，包括单晶硅和多晶硅两种，在目前市场上仍保持主流地位，大多数晶体硅电池企业除了继续降低生产成本，主攻发展目标是力争量产的晶体硅太阳电池的转换效率超过 20%。第二代是薄膜太阳电池，其成本低于第一代，可大幅度增加电池板制造面积，但是效率不如晶体硅电池。商业化的薄膜太阳电池以非晶硅、碲化镉、铜铟镓硒三种类型为主，薄膜电池的柔性化、轻型化、便携性将是发展趋势。M. Green 于 2001 年提出第三代电池的概念。他认为，第三代电池应该是能同时满足“绿色、环保、新概念、高效”要求的电池。第三代太阳能电池特征为薄膜化、高效率、原材料丰富和无毒性。可望实现第三代电池特征的途径包括叠层电池、多带光伏电池、碰撞离化、光子下转换、热载流子电池、热离化、热光伏电池等。

1.2　光 伏 组 件

晶体硅太阳电池的基本单位是单体电池片，单体电池片电压和功率较小，实际应用不大。为增加电压，需要将电池片串联起来封装成组件，典型的组件由 28～36 块电池片串联而成，在标准测试条件下产生 12V 的电压，如图 1.2 所示。

图 1.2　单体电池、组件和电池阵列

1955 年，贝尔实验室为了验证光伏发电技术为通信系统供电的潜力，设计了一块峰值功率为 10W 的光伏组件，1955 年 10 月投入使用，由于封装不可靠导致湿气侵入，引起了电极的腐蚀和脱落，这块光伏组件在 1956 年 3 月就宣告失效。到了 20 世纪 70 年代，由于石油危机及通信发展的需要，美国政府开始大力支持太阳能光伏的发展，1976 年，第一块现代意义上的光伏组件诞生。

此后，为了改进晶体硅光伏组件的可靠性，美国政府连续资助了五次大的关于晶体硅光伏组件的研发活动。就晶体硅光伏组件而言，当时就出现了不同封装结构和工艺的组件，有用硅橡胶封装在铝板上的，有用双层玻璃封装的。通过规模化的户外试验，最终认为：采用玻璃作为支撑，用乙烯-醋酸乙烯酯共聚物(Ethylene Vinyl Acetate，EVA)在真空状态下热压密封，用含氟的绝缘材料作为背板。但这些还不能有效地降低光伏发电成本，为此，一些企业采用通过延长使用寿命来降低成本的办法，1982 年 ARCO(Atlantic Richfield Company)推出了 5 年质保的组件，1985 年 Kyocera 开始提供 10 年质保的组件，1987 年 Kyocera 将晶体硅光伏组件的使用寿命延长到 12 年，20 世纪 90 年代中期，BP Solar 将晶体硅光伏组件的使用寿命延长到 20 年，1997 年 6 月，Siemens 开始提供 25 年质保的晶体硅光伏组件。

目前常见光伏组件结构如图 1.3 所示，从上到下依次为玻璃面板、EVA、电池片、EVA、背板，四周为边框。

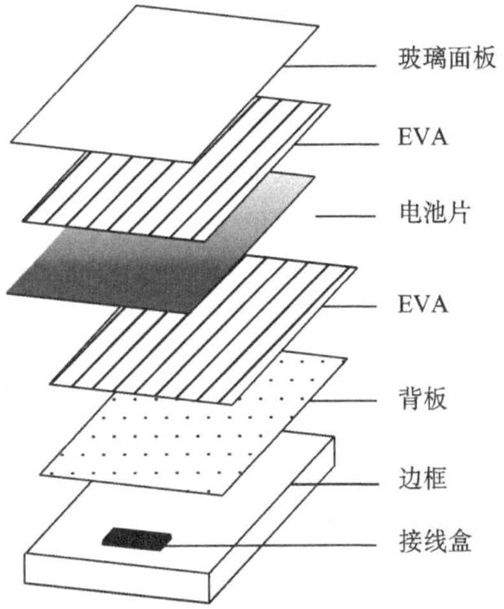

图 1.3　光伏组件结构示意图

组件可以单独使用，也可以再经过串联和并联，组成太阳电池阵列，进一步提高电流和电压。大多数的电力应用要求稳定的电压和电流，阵列需要集成蓄电池和控制器。蓄电池用来储存在太阳光照强时产生的电能，控制器保证电力供应的稳定，减小太阳光照变化的影响。为了向交流电网进行并网发电，或驱动交流负载，太阳电池产生的直流电需要通过逆变器，转换成合适频率的交流电。

1.3　光伏组件可靠性

光伏电站一般运行20～30年，长期置于户外，经常会遭受暴晒雨淋、温度交变，甚至会有高湿、盐雾等环境影响，因此，研究在此期间光伏组件和整个系统的可靠性，总结常出现的问题，分析其故障原因和衰减规律，无疑对光伏技术进一步应用将起到非常大的作用。

什么是产品的可靠性？可靠性是产品在规定条件下和规定时间内，完成规定功能的能力。实践证明大多数产品的故障率是时间的函数，典型故障曲线称为浴盆曲线(Bathtub Curve，失效率曲线)，浴盆曲线是指产品从投入到报废的整个寿命周期内，其可靠性的变化呈现一定的规律。如果取产品的失效率作为产品的可靠性特征值，它是以使用时间为横坐标、以失效率为纵坐标的一条曲线。因该曲线两头高，中间低，形状像浴盆，故称为“浴盆曲线”，如图1.4所示。浴盆曲线具有明显的阶段性，失效率随使用时间变化分为三个阶段：早期失效期、偶然失效期和耗损失效期。第一阶段是早期失效期：表明产品在开始使用时，失效率很高，但随着产品工作时间的延长，失效率迅速降低，这一阶段的失效大多是由于设计、原材料和制造过程中的缺陷造成的。为了缩短这一阶段的时间，产品应在投入运行前进行试运转，以便及早发现、修正和排除故障；或通过试验进行筛选，剔除不合格品。第二阶段是偶然失效期，也称随机失效期：这一阶段的特点是失效率较低，且较稳定，往往可近似看作常数，产品可靠性指标所描述的就是这个时期，这一时期是产品的良好使用阶段，也是产品的有效寿命期，人们总希望延长这一时期，即在容许的费用内延长使用寿命。偶然失效主要原因是质量缺陷、材料弱点、环境和使用不当等因素。第三阶段是耗损失效期：该阶段的失效率随时间的延长而急速增加，主要由磨损、疲劳、老化和耗损等因素造成。到这一阶段，大部分产品开始失效，说明产品的耗损已经严重，寿命即将终止，若能

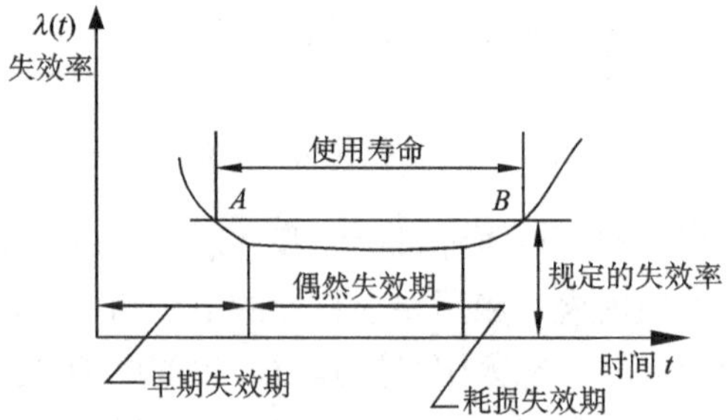

图1.4　可靠性分析浴盆曲线

够在这个时期到来之前维修设备，替换或维修某些耗损的部件，就能将故障率降下来延长使用寿命，推迟耗损失效期的到来。

光伏组件是光伏系统的核心，重要性不言而喻。目前，随着光伏组件应用规模越来越大，事故率逐年增高。德国 Fraunhofer ISE 2012 年对成品组件的 28 种失效方式，在欧洲范围内征集了 36 家权威机构的意见。从失效问题的严重性、失效发生的频率和失效被检测出的容易程度，综合评价了 28 种失效方式，并依照综合评价后的风险优先级进行了排序。其中，排名前十的(风险系数最高的)失效问题依次为：碎片(隐裂)、焊接连接性失效、电池片衰减、接线盒材料和线缆绝缘失效、热斑、封装材料(EVA)的脱层、电位诱发衰减 (Potential Induced Degradation，PID) 效应、互连失效(焊接)、背板的力学性能失效、旁路二极管失效。这些问题对组件影响如表 1.1 所示。

表 1.1　光伏组件常见问题及主要影响

常见问题	主要影响
隐裂	隐裂会影响组件功率衰减，震动或其他长期应力因素使隐裂可能演变成裂片，导致热斑等现象，直接影响组件性能
EVA 脱层	脱层面积较小时主要出现局部透光率下降，会随着组件的使用逐渐扩大。当脱层面积较大时直接导致组件失效报废
接线盒、线缆绝缘失效	可引起组件接线盒起火，造成组件报废，严重可引起火灾；组件功率失效或出现漏电连电危险事故
焊接连接性失效	虚焊在短时间出现焊带与电池片脱层，影响组件功率衰减或失效；过焊导致电池片内部电极被损坏，直接影响组件功率衰减，缩短组件寿命或造成报废
互连失效	偏移会导致焊带与电池面积接触减少，出现脱层或影响功率衰减；焊接后弯曲造成电池片碎片
热斑	焊带焊点熔化并毁坏栅线，导致组件功率衰减失效或者直接导致组件烧毁报废
旁路二极管失效	旁路二极管结温过低会导致周围电路连接卡具的热变形，其失效会导致断路处出现局部拉弧隐患，烧毁接线盒，甚至组件
PID 效应	由高系统电压引起的严重 PID 效应(一般伴随高温高湿环境)会导致组件功率出现不同程度的衰减，严重时衰减量大于 50%
背板的力学性能失效	背板耐久性变差，或与 EVA 的匹配性问题会导致背板鼓包、破裂，从而使组件失去保护

光伏测试，是光伏行业为验证产品最终性能是否符合业内标准而按照规定的方法、程序进行的实验室及户外测试。光伏测试一方面可以确保企业产品出厂质量，另一方面还可以指导产品原料的选购、验证新开发产品的性能等。根据光伏

产业链的整个过程，可分为电池原材料测试、硅片测试、电池片测试、光伏组件及辅料测试、光伏系统部件及光伏电站测试等。对于太阳电池和光伏组件生产商，涉及的测试主要是在线工艺测试和组件测试。在线工艺测试是在生产过程中为了监控产品质量而进行的测试，如电池片在线分选、组件在线 EL(Electroluminescence，电致发光)、伏安特性检测等。组件要满足国家和行业制定的性能及安全标准，常见的测试有电性能测试、力学性能测试、环境老化测试、安全性能测试等，除电性能测试外其余都为可靠性测试。

组件可靠性测试的目的是识别未知失效机制和确定组件是否受已知失效机制的影响。加速老化试验是可靠性测试的一个重要方面，但是加速老化试验必须与实际测试同时进行，这样才能知道某些失效并不是因为加速老化试验造成的，并且这种失效不会在实际应用中出现。质量鉴定试验也属于加速测试，通常都是在短期内完成的，这样做是为了重现已知失效因素，如脱层。尽管通过了质量鉴定试验能使人认为组件的设计是稳定和耐用的，可增加一些可靠性筹码，但是通过质量鉴定试验并不代表产品就一定能实现某个时间段的寿命。

世界范围内，早在 20 世纪 70 年代就开始了组件可靠性的有关研究。第一个光伏组件质量鉴定测试是由美国喷气推进实验室(Jet Propulsion Laboratory, JPL)开发的，制定了一套测试模拟组件的耐久性和可靠性的方式。经过了几年时间，从 Block Ⅰ～Ⅴ五个项目阶段成功研究制定了“地面用太阳电池组件的设计测试规范-1981”，如表 1.2 所示，完成了光伏组件的经典结构设计和可靠性测试方案。这些测试成为以后开发的所有光伏组件质量鉴定程序的起点。

表 1.2　Block Ⅰ～Ⅴ

测试方案	Ⅰ	Ⅱ	Ⅲ	Ⅳ	Ⅴ
年份	1975	1976	1977	1978	1981
热循环试验	−40～+90℃ 100 次循环	−40～+90℃ 50 次循环	−40～+90℃ 50 次循环	−40～+90℃ 50 次循环	−40～+90℃ 200 次循环
湿热试验	70℃，90%相对湿度，68h	从 40℃，90%相对湿度到 23℃ 5 次	从 40℃，90%相对湿度到 23℃ 5 次	从 54℃，90%相对湿度到 23℃ 5 次	从 85℃，85%相对湿度到−40℃ 10 次
热斑试验	—	—	—	—	3 块电池片 100h
机械载荷试验	—	100 次 ±2400Pa	100 次 ±2400Pa	100 次 ±2400Pa	100 次 ±2400Pa
冰雹试验	—	—	—	3/4in–45mph 9 次撞击	1in–52mph 10 次撞击

续表

测试方案	Ⅰ	Ⅱ	Ⅲ	Ⅳ	Ⅴ
标称工作温度试验	—	—	—	是	是
绝缘耐压试验	—	漏电流 <15μA 1500V	漏电流 <15μA 1500V	漏电流<15μA 1500V	漏电流<50μA $2V_s$+1000V

注：1mph=1.609km/h；1in=2.5cm

1981 年至 1991 年期间，欧洲委员会联合研究中心（Commission of the European Communities，Joint Research Center）的环境可持续发展研究所可再生能源部在 JPL 标准第 5 版的基础上加入了紫外测试和户外暴晒测试，并将温度循环标准的上限由 90℃降低为 85℃，从而形成了 CEC 501 至 CEC 503。后来质量鉴定采纳了欧洲 CEC 502 程序，新增的测试有紫外辐照试验、高温存储试验、高温高湿试验和机械载荷试验。与此同时，UL(美国安全检测实验室，Underwriters Laboratories)制定了 UL 1703 安全标准，它已经成为美国和加拿大所有组件必须通过的标准。作为安全测试标准，UL 1703 并不要求组件要在一定的条件下保持电性能，相反它强调组件不能在测试过程中出现任何危险因素。

以前人的测试经验为基础，国际电工委员会第 82 技术委员会，即太阳光伏能源系统标准化技术委员会(IEC TC82)为晶体硅组件制定了国际质量鉴定标准 IEC 1215(后来改称为 IEC 61215)，现在 IEC 61215 已经成为光伏组件可靠性最具影响力的标准之一，也是产品公开销售之前最能暴露组件设计缺陷的衡量标准。

1.4　光伏标准

为在一定的范围内获得最佳秩序，对活动或其结果规定共同的和重复使用的规则、导则或特性的文件，称为标准。根据光伏产品性能差异、国家差异、地区差异，不同组织制定了各种测试标准，以确保太阳电池在各种环境下安全有效的运行。制定标准的机构有 IEC、UL、GB、EN 等各个国家和测试认证机构。

按照发生作用的有效范围来划分，标准可分为国际标准、区域标准、国家标准、行业标准、地方标准和企业标准。国际标准是国际标准化机构指定的标准，对于光伏产品，目前国际上主要有两种标准体系：由国际电工委员会主导制定的 IEC 系列标准和由美国国家标准学会主导制定的 ANSI 系列标准，如图 1.5 所示。在光伏行业中，IEC 系列标准被世界各国的标准化组织广泛接受，如欧洲的 EN 标准、中国的 GB 标准、日本的 JET 标准等，都是基于或等同引用 IEC 标准。其中 IEC 60904 光伏器件系列标准是光伏组件系列标准的基础，对于光伏组件的很多测试，要引用其中的测试方法。与其他大部分国家不同，美国与加拿大在光伏行业中采用 ANSI 系列标准。

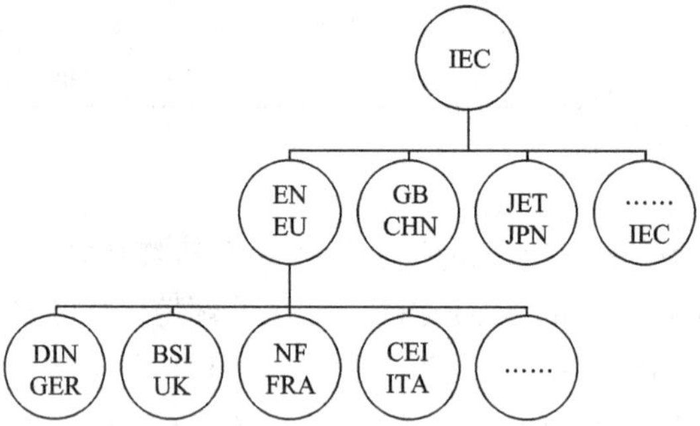

(a) IEC标准

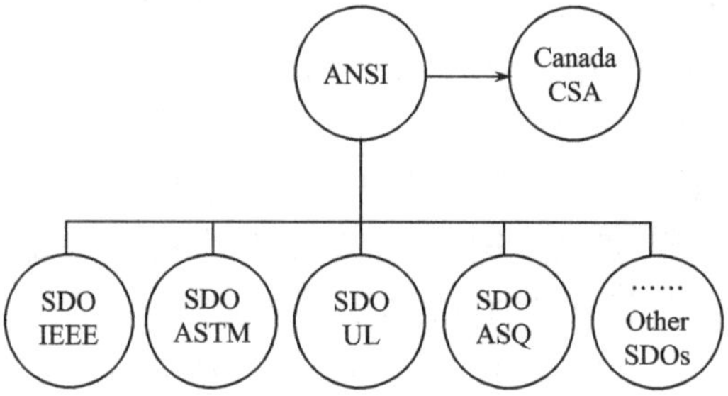

(b) 北美标准

图 1.5　IEC 和 ANSI 组织成员及标准

IEEE：电气和电子工程师协会(Institute of Electrical and Electronics Engineers)；ASTM：美国材料与试验协会(American Society for Testing and Materials)；ASQ：美国质量学会(American Society for Quality)

区域标准是某些地区的一些国家，结合自身特点制定的共同的区域性标准。EN 标准是典型的区域性标准，对欧盟成员国有约束力，为欧盟所有成员国所遵守，任何国家的产品只有符合 EN 标准才可以进入欧盟市场。

国家标准是在全国范围内统一的标准，在我国是国家最高一级的规范性技术文件，如 GB/T 9535—1998 为地面用晶体硅光伏组件设计鉴定和定型的国家标准。行业标准是对没有国家标准而又需要在全国各行业范围内统一的技术要求所规定的标准。如有相应的国家标准实施后，该行业标准即行废止。地方标准是对没有国家标准和行业标准，而又需要在省、自治区、直辖市范围内统一的技术要求所规定的标准。同样，在相应的国家标准或行业标准实施后，地方标准应自行废止。企业标准是针对企业范围内需要协调、统一的技术要求、管理要求和工作要求所制定的标准。为提高产品质量和促进技术进步，企业标准应严于国家标准、行业标准、地方标准。

部分 IEC 标准如表 1.3 所示。目前国际公认使用的质量鉴定标准是 IEC 61215，该标准目前共制定了三版，即 1993 版、2005 版和 2016 版。按照 IEC 的规定，随着新版本标准的出现，旧版本标准自动被替换。由于我国国家标准更新较慢，目前国内使用的有效标准还是等效采用 1993 版的标准。

表 1.3　太阳电池及光伏组件的 IEC 标准

序号	标准号	标准名称
1	IEC 60891:2009	晶体硅光伏器件测量特性 I-V 的温度修正和辐照度修正的方法
2	IEC 60904-1:2006	光电器件-第 1 部分：光电池电流-电压性能的测定
3	IEC 60904-2:2015	光电器件-第 2 部分：标准太阳电池的要求
4	IEC 60904-3:2016	光电器件-第 3 部分：地面用光伏器件的测量原理及标准光谱辐照度资料
5	IEC 60904-4:2009	光电器件-第 4 部分：标准太阳电池-建立校准溯源性的程序
6	IEC 60904-5:2011	光电器件-第 5 部分：用开路电压法确定光伏(PV)器件的等效电池温度(ECT)
7	IEC 60904-7:2008	光电器件-第 7 部分：光伏器件测量过程中引起的光谱失配误差的计算
8	IEC 60904-8:2014	光电器件-第 8 部分：光伏器件光谱响应的测量
9	IEC 60904-9:2007	光电器件-第 9 部分：太阳模拟器性能要求
10	IEC 60904-10:2009	光电器件-第 10 部分：线性测量方法
11	IEC 61215-1:2016	地面用光伏(PV)组件-设计鉴定和定型-第 1 部分：试验要求
12	IEC 61215-1-1:2016	地面用光伏(PV)组件-设计鉴定和定型-第 1-1 部分：晶体硅光伏(PV)组件试验的特殊要求
13	IEC 61215-2:2016	地面用光伏(PV)组件-设计鉴定和定型-第 2 部分：试验程序
14	IEC 61730-1:2016	光伏系统安全鉴定-第一部分结构要求
15	IEC 61730-2:2016	光伏系统安全鉴定-第二部分试验要求

我国非常重视光伏标准化工作，经过多年的发展，目前我国已经建立了较为完善的光伏标准体系，如图 1.6 所示。很多标准是与国际接轨的，部分标准等同采用 IEC 的标准。

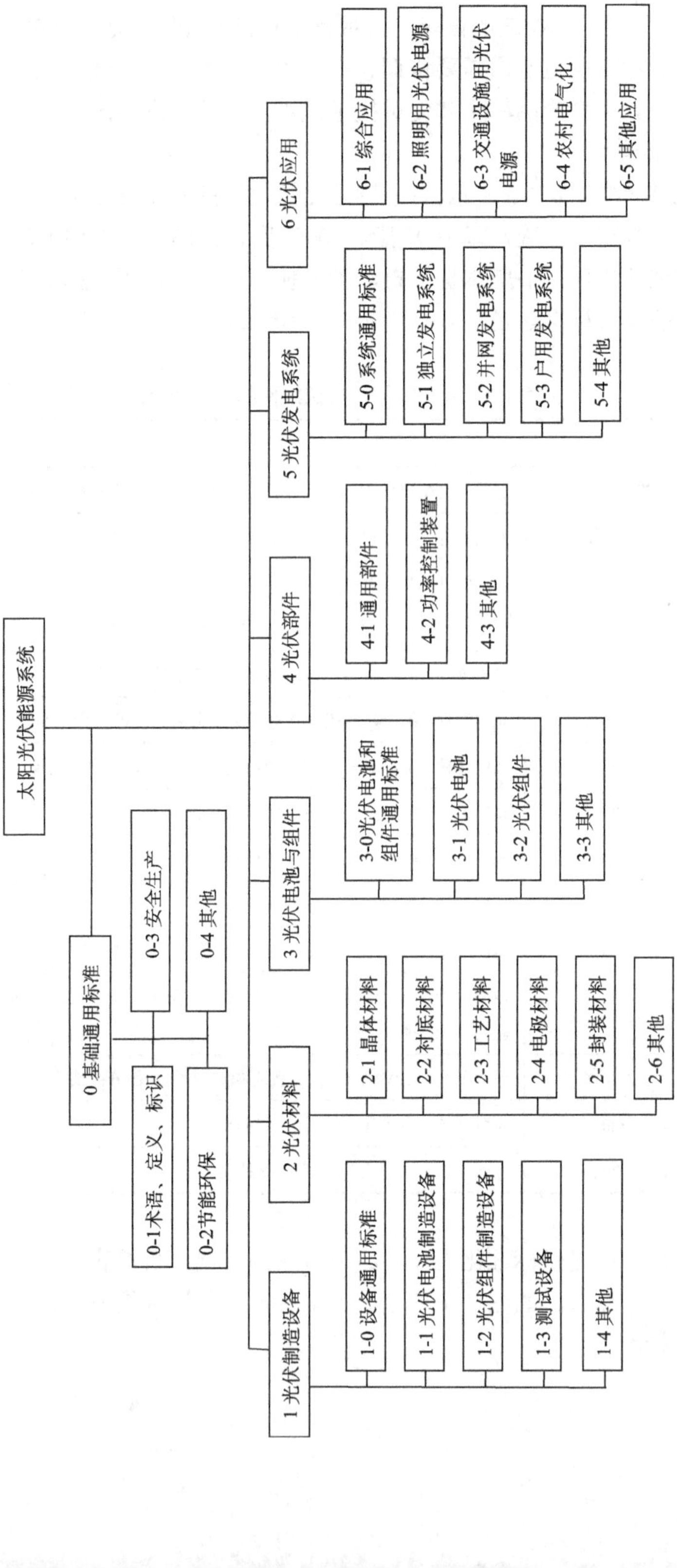

图 1.6　太阳光伏能源系统标准化示意图

1.5 认 证 体 系

产品质量认证是依据产品标准和相应技术要求，经认证机构确认，并通过颁发证书和认证标志来证明某一产品符合相应技术要求的活动，是国际上对产品质量及企业管理进行评价、监督的通行做法。光伏产品进入各国市场，基本上要求通过各个国家的认证，如欧洲的 EN、IEC 61215、IEC 61730，中国的 GB 及金太阳认证体系，美洲的 UL，还有澳洲、日本、韩国都有自己的认证体系。

这些认证体系都包括四个基本要素：型式试验、质量体系检查、监督检验和监督检查。前两个要素是取得认证的必备条件，后两个要素是获证后的监督措施。

(1) 型式试验。型式试验是证明产品能否满足产品技术的全部要求所进行的检验。对产品认证来说，型式试验通常有两种情况：一种是产品已经稳定生产，因市场需要或法规要求而申请产品认证；另外一种是新产品申请认证，新产品设计已经完成，但还未正式投产。无论哪一种情况，为了认证目的进行的型式试验，是对一个或多个具有代表性的产品样品利用试验手段进行合格评定。

型式试验的依据是认证标准。试验所需样品的数量由认证机构根据产品标准的规定和测试的需要确定。试验样品一般由工厂选送，某些情况下，样品也可以由认证机构抽取。试验样品必须具有代表性，其生产条件应与认证产品正常的生产条件相同，如在相同的生产线上生产、使用相同的生产设备和生产工艺加工或组装。

型式试验应在认可的独立的检验机构进行。对个别特殊的检验项目，如果检验机构缺少所需的检验设备，可在独立检验机构或认证机构的监督下使用制造厂的检验设备进行现场型式试验。

(2) 质量体系检查。质量体系检查是对产品的生产厂的质量保证能力进行检查和评定。为了使产品质量持续地满足标准的要求，工厂必须根据企业的具体情况建立质量体系，使所有影响产品质量的因素均得到控制，而且需通过第三方对产品生产企业的质量体系的评审和检查，证明该企业具有持续稳定地生产符合标准要求的产品的能力。质量体系包括组织机构、职责权限、各项管理办法、工作程序、资源和过程等。

(3) 监督检验。监督检验就是对获准认证的产品从生产企业的最终产品中或从市场上抽取样品，由认可的独立实验室进行检验。确保带有认证标志的产品质量可靠并符合标准，是产品质量认证制度得以发展的基础，如果达不到这一目的，消费者和工厂都将对认证失去信任，实行产品认证也将毫无意义。因此当产品通过认证以后，如何能保持产品质量的稳定，确保出厂的产品持续符合标准，是认证机构十分重视的问题。定期对获准认证的产品进行监督检验，是解决这一问题的措施之一。

(4)监督检查。监督检查是对获准认证产品的生产厂的质量体系进行定期或不定期检查，这是保证认证产品质量持续符合标准要求的又一项监督措施。监督检查的内容重点是初次检查时发现的不合格项和观察项的改进，直接影响产品质量的关键环节的控制有效性，以及质量体系的改进是否能保证产品质量的要求等。

目前对于光伏组件产品，国际认证体系主要分为两种：认证机构检测认证和监管机构注册认证。

1)认证机构检测认证

该方式是目前应用最广泛的认证方式，生产企业必须要到销售目标国家政府指定的检测机构申请测试，并获得证书，之后方可在该国顺利销售。典型代表如下。

(1)德国。德国是最早大规模使用太阳能发电的国家之一。德国政府目前指定的认证机构是TüV(德国技术监督协会)。目前获得德国政府授权的TüV共有四家，具有同样的法律地位，分别为 TüV NORD、TüV SUD、TüV Saarland 和 TüV Rheinland。这四家机构都是盈利性商业机构，其中 TüV Saarland 于 1997 年被全球最大的检测认证机构 SGS 所收购。

(2)美国。美国 OSHA(职业安全与健康局)是美国的认证监管部门，只有获得它授权的美国 NRTL(国家认可实验室)，才可以对在美国销售、使用的商品进行认证。目前在光伏产品领域获得授权的 NRTL 共有三家：UL(美国安全检测实验室)、ETL(爱迪生电子测试实验室，已经被 Intertek 收购)和 CSA(加拿大标准委员会)。

(3)中国。光伏产品在中国销售、使用，必须获得“金太阳”认证。目前获得资格颁发金太阳认证的机构共有两家：中国质量认证中心(CQC)和北京鉴衡认证中心(CGC)。

(4)英国。2010 年英国推出了自己光伏产品认证体系，即 MCS 认证。目前可以颁发 MCS 认证的机构共有四家：BABT(British Approvals Board for Telecommunication)、BBA(British Board of Agreement)、BRE(Building Research Establishment)和 BSI(British Standards Institution)。

(5)日本。JET(日本电气安全环境技术研究所)是日本唯一获得政府授权的认证机构，在日本销售使用的光伏产品必须获得 JET 认证。

2)监管机构注册认证

(1)澳大利亚。对于光伏产品，澳大利亚政府没有指定专门的认证机构，但是要求生产企业相关产品必须通过 IECEE(国际电工委员会电工产品合格测试与认证组织)认可的实验室测试，将产品信息提交到 Clean Energy Council 进行注册。

只有进入注册列表的产品，才可以顺利销售使用。

(2)美国加利福尼亚州。对于美国加利福尼亚州而言，获得 NRTL 认证后还不可以进入其州内市场销售，必须将相关信息提交到 California Energy Committee 进行登记注册，注册后方可顺利销售使用。

虽然各国对各类不同产品都开展了产品认证，但建立的认证制在法规、标准和认证制度上存在差异而不能相互承认，势必对商品流通带来不必要的技术壁垒，同时给企业带来重复检验、检查、收费和发证的沉重负担。为解决这一问题，建立了旨在消除国际贸易中技术壁垒的若干区域认证制度和国际认证制度，最典型的区域认证制度是欧盟制定的 CE 认证体系，最典型的国际认证制度是 IEC 下属组织制定的 CB 认证体系。CE 认证制度是一种通过政府的行政管理强制建立起来的区域性互认制度，而 CB 互认制度则与之不同，是一个由国际电工委员会主导，其会员认证机构之间在自愿的基础之上形成的一套全球性互认制度。

IEC CB 体系的中文含义是“关于电工产品测试证书的相互认可体系”。该体系是以参加 CB 体系的各成员之间相互认可测试结果来获得国家级认证或批准，从而达到促进国际贸易目的的体系。CB 测试证书是由一个参加 CB 体系并具有发证和认可资格的国家认证机构所颁发的文件，执行单位是按 CB 体系规则接受的各国家认证机构(NCB)，这些认证机构所使用的也是按 CB 规则被接受的检测实验室(CBTL)。表 1.4 为光伏产品 NCB 及对应的 CBTL。国际范围内欧洲 TüV Rheinland、美国 UL 影响力较大，认证结果采信面最广。

表 1.4　各国 NCB 和 CBTL

<table>
<tr><th>国家</th><th>NCB</th><th>CBTL</th></tr>
<tr><td>澳大利亚</td><td>OVE</td><td>OFPZ Arsenal</td></tr>
<tr><td>比利时</td><td>SGS Belgium N.V.-Division
SGS-CEBEC</td><td>SGS Germany GmbH CTS
Microelectronics/Photovoltaics</td></tr>
<tr><td>法国</td><td>LCIE</td><td>LCIE China</td></tr>
<tr><td rowspan="7">德国</td><td>VDE</td><td>VDE
Fraunhofer ISE Test Lab PV Modules
CPVT</td></tr>
<tr><td rowspan="6">TüV Rheinland LGA
Products GmbH</td><td>TüV RH PS GmbH</td></tr>
<tr><td>TüV RH Taiwan</td></tr>
<tr><td>ITRI</td></tr>
<tr><td>TüV RH Shanghai</td></tr>
<tr><td>TüV RH Italia S.r.l.</td></tr>
<tr><td>TüV Rheinland Energie und Umwelt GmbH</td></tr>
</table>

续表

国家	NCB	CBTL
德国	TüV SUD PS	PI Berlin
		Eurotest Laboratori Srl
		YOT
		TTC Taiwan
		RETC
	TüV InterCert GmbH	Eurotest Laboratori Srl Albarubens Srl
	TüV NORD GmbH	Shenzhen Electronic Product Quality Testing Center (SET) AT4 Wireless
匈牙利	TüV Rheinland InterCert Kft., MEEI Division	TüV Rheinland InterCert Kft.,MEEI Division
印度	STQC	ETDC
意大利	ICIM S.p.A IMQ S.p.A	Eurofins Modulo Uno IMQ S.p.A
日本	JET	JET Toyo
	TüV RH Japan	TüV RH Yokohama
		TüV RH Shanghai
		TüV RH Taiwan
		TüV Rheinland (India) Pvt.Ltd.
韩国	NREC	KTL
		KIER
荷兰	KIWA	KIWA Italia S.p.A
西班牙	AENOR	Fundaction Cener-CIEMAT
新加坡	ITS Singapore	ITS Shanghai
瑞典	Intertek Semko AB	Intertek Testing Services Taiwan Ltd.
美国	UL (US)	UL Inc.
		Exova Canada
		UL-CCIC
		QSTC
		UL Int.Germany
		UL Japan
	ITS USA	ITS Los Angeles
	TüV RH NA	TüV RH PTL

1.6 检测能力

目前光伏应用市场居世界前列的是德国、日本、美国，国际上的光伏检测、认证机构也主要分布在这些国家。随着我国光伏行业的迅速发展，各大机构纷纷在中国建立实验室或与国内机构建立合作关系，共同开发光伏产品的检测、认证市场。

1.6.1 国外发展情况

国外检测、认证机构主要有 TüV、ASU-PTL、VDE、UL、Intertek 等。

1) TüV 集团

TüV 是德国技术监督协会的简称，有 TüV NORD、TüV SUD、TüV Saarland 和 TüV Rheinland 四大集团，其中影响最大的两家是 TüV SUD(南德意志集团)和 TüV Rheinland(莱茵集团)。

TüV SUD 总部在巴伐利亚州的慕尼黑市，规模最大，拥有 140 多年的认证历史，主要业务在德国和欧洲。遵照欧洲和国际法规，南德意志集团能够为太阳能光伏制造企业提供完善的太阳能光伏产品的测试和认证服务，可以颁发 TüV 标志或者 CE 形式认证及 PVGAP(全球光伏批准计划)。检测、认证产品覆盖地面用晶体硅电池组件、地面用薄膜电池组件、接线盒、连接器、光缆、背板和逆变器。

2008 年 5 月，南德意志集团与扬州光电产品检测中心签署合作备忘录，将扬州光电产品检测中心作为通过国际认可的国内光电产品认证机构或认证机构指定测试实验室。

TüV Rheinland 总部设在科隆市，是德国最著名也是最权威的第三方认证机构之一。莱茵集团在光伏产品检测领域拥有超过 30 年的丰富经验，测试产品种类多，包括地面用晶体硅电池组件、薄膜电池组件、聚光太阳电池组件、控制器、逆变器、离网系统、并网系统等，在德国、中国、日本、美国等国均设有太阳能检测实验室。莱茵集团的最主要优势在于，它同时是欧美日各种主要认证制度下正式注册的发证单位，是全球唯一能够提供横跨欧美日一站式认证服务的单位。

2007 年，莱茵集团在上海成立光伏实验室，是我国唯一一家经 DATECH(德国技术认可机构)认可并拥有 100%光伏测试能力的专业机构，为我国太阳能出口产品提供完整的安全测试。

2) ASU-PTL

美国 ASU-PTL(亚利桑那州光伏检测实验室)，成立于 1992 年，是全球三大光伏认证检测实验室之一，也是美国第一家经过授权可进行光伏产品资质认证和型式认可的实验室。

3) VDE 检测认证研究所

位于德国奥芬巴赫的 VDE 检测认证研究所是 ZLS(德国安全认可中央机构)认可并授权可以对光伏零部件和系统颁发 VDE-GS 标志的机构，直接参与德国国家标准的制定。按照德国 VDE 国家标准或欧洲 EN 标准或 IEC 标准对电工产品进行检验和认证，是欧洲最有经验的第三方测试、认证机构之一。产品测试涵盖完整的光伏系统、光伏组件、功率逆变器、连接器和电缆。服务内容如下：根据 VDE 和 IEC 标准的安全测试、环境试验、现场符合性检测/检查等，并能颁发 VDE、VDE-GS、VDE-EMC、CB 证书。

4) UL

美国 UL(安全检测实验室)是一家独立的安全认证机构，成立于 1894 年，是美国第一家产品安全标准发展和认证的机构，是美国产品安全标准的创始者。在光伏产品领域，UL 是全球首家制定光伏产品标准的第三方认证机构，也是 CB 体系下美国第一家具备核发和认可双重资格的国家认证机构，可颁发 IECEE CB 证书。

早在 1986 年，UL 就推出了第一个针对平板型光伏组件的安全标准 UL1703，并被采用为美国国家标准，成为目前美国高度发展的光伏组件安全认证的基础。除了安全认证，UL 也提供有关产品性能方面的认证，包括晶体硅太阳能组件和薄膜太阳能组件。

2009 年，位于苏州的 UL“光伏卓越技术中心”正式成立。该中心是 UL 在亚洲地区规模最大的光伏实验室，能够依照 UL 及 IEC 标准开展检测。

5) Intertek 集团

Intertek(天祥)集团总部设在英国伦敦，目前已在全球 100 多个国家拥有 1000 多个办事处及实验室，是世界上规模最大的消费品测试、检验和认证公司之一。

天祥集团在加利福尼亚建有光伏产品检测和认证中心，帮助光伏制造商顺应市场需求，提供关键性的性能数据，为企业参与市场竞争提供技术支持。可以根据 CE、UL、CSA、IEC、EN 标准进行检测，包括性能检测和安全检测，测试产品涉及晶体硅太阳能组件、薄膜太阳能组件、充电控制器、逆变器等。

2008 年年底，天祥集团上海太阳能测试实验室成立，并与日本电气安全环境研究所、北京鉴衡认证中心达成合作协议。

除了上述机构，国际知名的光伏产品检测认证机构还有瑞士通标标准技术服务有限公司(SGS)、欧洲委员会联合研究中心的环境可持续发展研究所可再生能源部(ESTI)、法国国际检验局(BV)等。

1.6.2　国内发展情况

随着光伏行业的发展和光伏市场的不断扩大，国内光伏行业的检测、认证机构也开始成立并快速发展。国内较早从事光伏产品检测、在行业内影响力较大的检测机构有中国电子科技集团公司第十八研究所、中国科学院电工研究所太阳光伏发电系统和风力发电系统质量检测中心(简称中科院光伏检测中心)、上海空间电源研究所等。

1)中国电子科技集团第十八研究所

中国电子科技集团第十八研究所是我国最大的综合性化学物理电源研究所、国防工程一类所，是我国成立最早的光伏测试单位，参加了 1993 年进行的国际太阳电池标准比对活动，是世界上四个具有光伏计量基准标定资格的实验室之一。在光伏电池、组件方面，与中科院光伏检测中心并属于我国最权威的检测实验室。

目前，该机构已经和美国 UL 建立合作关系，检测产品涵盖了晶体硅太阳能组件、控制器、逆变器、风光互补发电系统。

2)中科院光伏检测中心

1998 年借助日本政府无偿援助中国光伏电池及光伏组件检测设备，中科院光伏检测中心成为国内第一家专业从事地面用光伏组件检测技术研究与光伏产品性能评估的检测机构，也是国内第一家完全依据 IEC 标准开展太阳电池及光伏组件测试的实验室。

2008 年 11 月该检测中心在无锡市惠山经济开发区建成华东中心，主要开展光伏电池和组件、光伏系统、光伏部件(包括控制器、逆变器)等的测试、鉴定和定型。

3)上海空间电源研究所

上海空间电源研究所隶属于中国航天技术总公司上海市航天局，是一个综合性的电源研究所。该研究所本身生产各种光伏产品，为了保证产品质量，该研究所建立了检测实验室。随着光伏产品的大量应用，检测实验室也逐步对外服务。主要认证产品为晶体硅太阳能组件、薄膜太阳能组件。

为更好地为民用企业提供检测和技术服务，2006 年上海空间电源研究所、上海航天机电、上海太阳能科技有限公司联合出资成立了上海太阳能工程技术研究中心。该中心是上海市唯一一家市级太阳能工程技术中心，专业从事太阳能光伏行业的新技术开发和产品测试服务。

4)国家太阳能光伏产品质量监督检验中心

国家太阳能光伏产品质量监督检验中心(CPVT)于 2007 年经过国家质量监督检验检疫总局批准设立，地处无锡，具备光伏原辅材料、光伏部件、光伏组件、光伏电站等光伏全产业链产品检测研究能力。这是继美国、德国、日本之后第四家从事光伏产品质量检验监督的国家级机构。

2009 年 4 月，该中心与 SGS-CSTC 正式签订了有关光伏产品检测项目合作协议，共同开展国内外光伏检测、认证服务，在中国推出“一测三证”的光伏检测认证服务。相关产品只需通过一次测试，即可获得由 SGS 签发的基于 IEC/EN 标准和美国 UL 标准的两份测试报告，同时还能获得一份由 CPVT 签发的基于 GB 标准的测试报告。

5) 北京鉴衡认证中心

北京鉴衡认证中心(CGC)是经国家认证认可监督管理委员会批准，由中国计量科学研究院组建，主要致力于风能、太阳能等新能源和可再生能源产品标准研究及产品认证的第三方认证机构。

在国家发展和改革委员会、世界银行、全球环境基金和中国可再生能源发展项目(REDP)的子项目“建立中国太阳能光伏产品认证体系”的项目支持下，北京鉴衡认证中心实施了太阳能光伏产品金太阳认证。

北京鉴衡认证中心的检测实验室包括 TüV Rheinland、中国电子科技集团公司第十八研究所、信息产业部邮电工业产品质量监督检测中心、中科院光伏检测中心。认证范围包括地面晶体硅光伏组件、控制器、逆变器、独立系统。

思 考 题

1-1　为什么要将电池片制作成组件使用？在储存、运输、使用上都有哪些优势？

1-2　常用的标准晶体硅太阳电池组件采用的封装结构是什么？

1-3　什么是标准？为什么要建立测试标准？

1-4　如果要在我国进行销售、使用组件，由什么机构进行认证？依据哪些标准？

第 2 章　太阳电池片和组件生产工艺简介

2.1　电池片生产工艺

太阳电池片的制造是光伏发电的核心。电池片的光电转换效率从根本上决定了对太阳能的利用率。目前，块状晶硅电池片已经能稳定地工业化生产，其光电转换效率在 18%左右，且占据了商用太阳电池市场的 90%以上。

工业化生产块状晶硅电池的原材料是片状硅片，包括单晶硅片和多晶硅片。硅片经过制绒、扩散、刻蚀、PECVD（Plasma Enhanced Chemical Vapor Deposition，等离子体增强化学气相沉积）和丝网印刷后，成为能将太阳能直接转化成电能输出的太阳电池片，各道工序将在下面逐一详细介绍。

2.1.1　制绒

1. *原理*

太阳电池片的原理决定了在光电转换效率确定的情况下，想要增加电能的输出，只能增加电池片吸收的太阳光。陷光技术是增加太阳光吸收的有效方法，该方法通过延长入射光的光程，使入射光在太阳能电池中产生多重反射，增加光被作用层吸收的程度。常用的陷光方法有表面织构化降低反射、利用高反射率材料作为底层反射层、内部陷光及抗反射层的加入。在工业化生产中，采用最多的是通过表面织构化来降低反射，一般称为表面制绒。

硅片原料的表面是平坦的镜面，其反射率较高。采用一定的物理化学方法，增加表面的粗糙程度，当入射光照射到具有一定角度的斜面反射后，反射光线照射到另一斜面上，形成二次吸收甚至多次吸收（图 2.1），增加总的太阳光吸收效率。目前，硅片表面织构化的方法主要有机械刻槽、激光刻槽、反应离子体蚀刻、化学腐蚀制绒等。

另外，硅片在切割过程中，表面会形成厚度达 10μm 的损伤层。损伤层中的微裂纹在后续工序的高温处理过程中，可能向硅片深处扩散，影响电池片性能。硅片在生产过程中，其表面也有可能粘上油污等污染。这些表面的缺陷需要在后序工序之前得到适当的处理。将损伤层腐蚀掉是最简单的处理方法，且可以和化学腐蚀制绒过程整合到一起。因此基于工艺程序的难易和成本控制，化学腐蚀制绒在大规模工业生产中得到了广泛的应用。

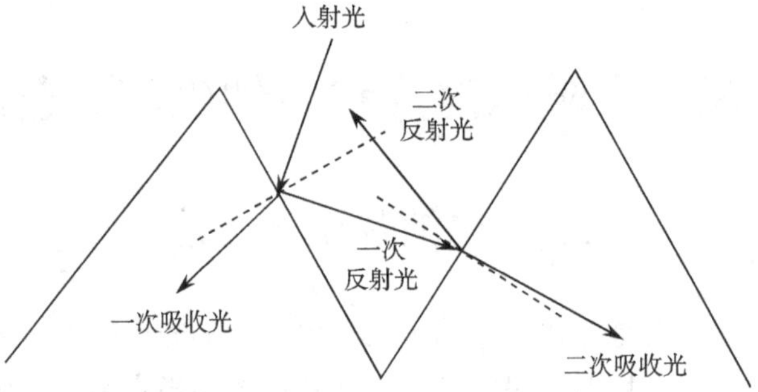

图 2.1　织构化表面陷光示意图

单晶硅片主要利用其在碱液中的各向异性腐蚀来实现制绒。一般来说，晶面间的共价键密度越高，腐蚀难度越大。单晶硅在合适的条件下，(100)面的腐蚀速度要高于(111)面腐蚀速度，甚至可达 10 倍，腐蚀形成各个表面均为(111)面的金字塔微结构，如图 2.2 所示。

(a) 正面　　(b) 侧面

图 2.2　单晶硅绒面 SEM 形貌图

工业生产中常用 NaOH 或 KOH 、 Na_2SiO_3 、 IPA (异丙醇)或乙醇的混合溶液进行单晶制绒。当单晶硅片表面和碱液接触时，发生如下反应：

$$Si + 2OH^- + 2H_2O \longrightarrow SiO_2(OH)_2^{2-} + 2H_2 \tag{2.1}$$

在温度和碱液浓度较高时，(100)面和(111)面的腐蚀速度相似，常用于去除硅片表面的机械损伤。碱液浓度较低时，(100)面和(111)面的腐蚀速度有明显的差别，能够制备出合格的绒面。 Na_2SiO_3 在水溶液中发生如下水解反应：

$$Na_2SiO_3 + H_2O \longrightarrow Na_2Si_2O_5 + NaOH \tag{2.2}$$

Na_2SiO_3 水溶液具有较强的碱性，且存在大量的极性和非极性功能团，可以有效降低溶液的表面张力并改善单晶硅片表面的润湿效果，有利于绒面的形成。表面活性剂 IPA 的添加主要是为了降低溶液的表面张力、改善单晶硅片表面的润湿效果，因此，添加了 Na_2SiO_3 的碱液中可以不加 IPA。在实际生产中，碱液的浓度、温度、IPA 浓度、制绒时间、Na_2SiO_3 浓度、设备差异等都会影响最终绒面的形成，需要在生产中多次试验，以获得最佳工艺参数。

不同于单晶硅片，多晶硅片的制绒是通过酸腐蚀来实现的。一般认为，多晶硅片的酸腐蚀过程分两步走。首先是 Si 的氧化过程：利用强氧化剂，如硝酸等强酸实现多晶硅的氧化，在此过程中，氧化产物 SiO_2 形成致密的氧化层，隔离硝酸和 Si，导致反应停止。其次是 SiO_2 的溶解过程：通常用 HF 与 SiO_2 反应生成可溶解的 H_2SiF_6，SiO_2 层溶解后，硝酸和 Si 的反应继续进行。以上两步可以综合写成如下反应式：

$$3Si+4HNO_3+18HF \longrightarrow 3H_2SiF_6+4NO+8H_2O \tag{2.3}$$

多晶硅制绒效果受到酸液配比、添加剂、反应温度、反应时间、原料硅片自身的质量、设备差异等因素的影响，要想获得连续均匀的绒面(图 2.3)，同样需要多次试验。

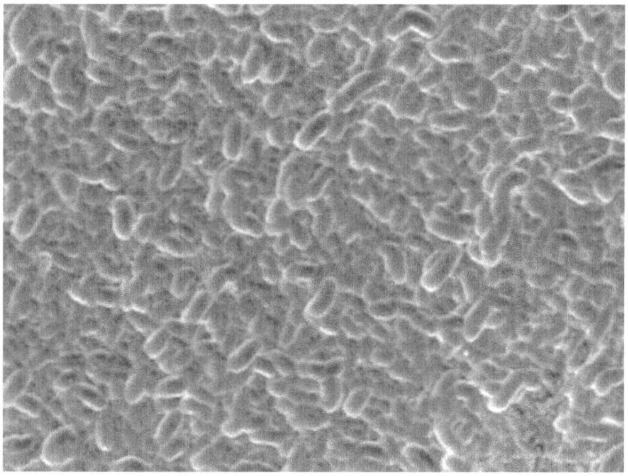

图 2.3　多晶硅绒面 SEM 形貌图

2. 工艺流程

单晶硅制绒工艺流程如图 2.4 所示，各槽体的作用依次介绍如下。预清洗槽，添加 NaOH 和 H_2O_2 溶液，用于清理单晶硅片表面的油污、机械划痕等痕迹。制绒槽，添加 NaOH 和 IPA 溶液，用于制备金字塔绒面。酸槽 1，添加 HCl 和 H_2O，中和硅片表面残留碱液，去除表面金属离子。酸槽 2，添加 HF 和 H_2O，去除表面 SiO_2 氧化物，形成疏水层，便于吹干。各水槽用于清理表面杂质和去除硅片经过上一槽体后表面残留的酸液或碱液。

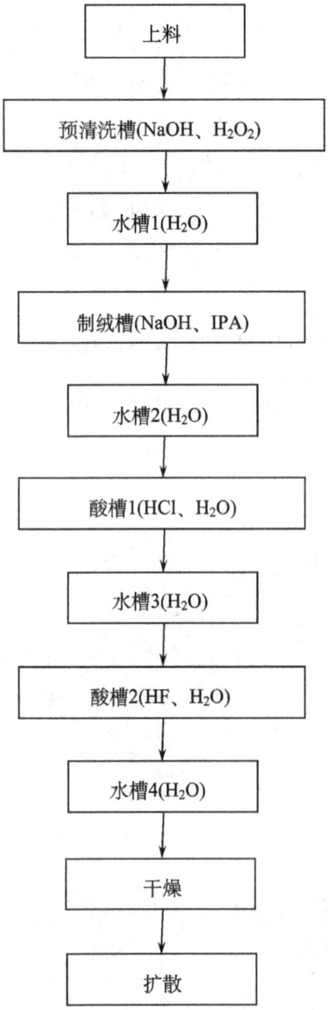

图 2.4　单晶硅制绒工艺流程图

多晶硅制绒工艺流程图及仪器如图 2.5 所示，各槽体的作用依次介绍如下。制绒槽，添加 HNO_3、HF、H_2O，用于制备绒面。碱槽，添加 KOH 溶液，对酸腐蚀形成的多孔硅表面进行清洗并中和表面残留酸液。酸槽，添加 HCl、HF、H_2O，中和碱洗后残留在表面的碱液，去除表面 SiO_2 氧化物，形成疏水层，便于吹干，HCl 中氯离子具有携带金属离子的能力，可用于去除表面金属离子。各水槽用于清理表面杂质和去除硅片经过上一槽体后表面残留的酸液或碱液。

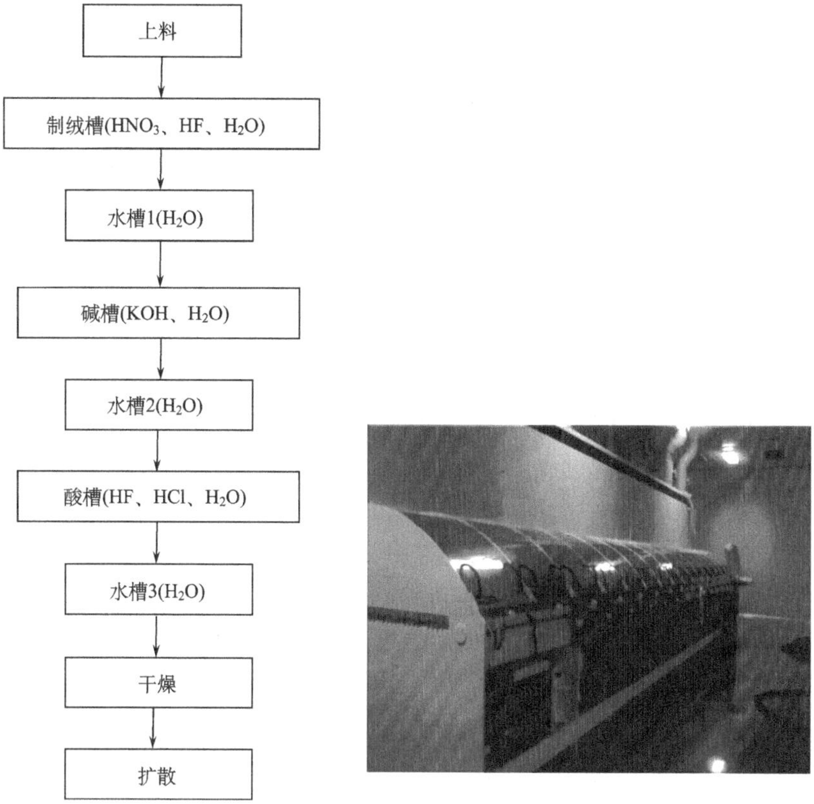

图 2.5　多晶硅制绒工艺流程图及仪器

2.1.2　扩散

1. 原理

扩散(或扩散制结)是太阳电池生产中的关键性工序，该工序主要是在硅片表面生成与硅片本身导电类型不一样的反型层，形成 p-n 结。扩散从微观上来说，指构成物质的微粒(原子、分子、离子)通过热运动而产生的物质迁移现象；从宏观上来说，指物质的定向移动。扩散过程最主要的决定性因素是物质流量和浓度梯度，扩散速度与这两者成正比关系。另外，温度越高，扩散速度越快；材料原子结构越致密、结合力越强，扩散速度越慢；材料缺陷越多，扩散越容易。

在太阳电池工业化生产中采用的扩散方法有很多种，主要有涂布源扩散、固态源扩散和液态源扩散。目前工业生产中普遍采用掺硼的 p 型硅片为衬底，通过三氯氧磷液态源扩散获得 n 型重掺杂层，在交界面处形成 p-n 结。

三氯氧磷($POCl_3$)在温度较高时(＞600℃)会分解形成五氯化磷(PCl_5)和五氧

化二磷(P_2O_5)。五氧化二磷在扩散温度下与硅反应，生成二氧化硅(SiO_2)和磷原子。但是，三氯氧磷的热分解在没有氧气的参与下不能完全进行，生成的产物五氯化磷不易分解且对硅表面有腐蚀作用，会破坏硅的表面状态。在富氧条件下，五氯化磷会进一步分解成五氧化二磷同时放出氯气。生成的五氧化二磷进一步与硅反应，提供磷原子。该过程的化学反应式如下：

$$5POCl_3 \longrightarrow 3PCl_5 + P_2O_5 \tag{2.4}$$

$$2P_2O_5 + 5Si \longrightarrow 5SiO_2 + 4P \tag{2.5}$$

$$4PCl_5 + 5O_2 \longrightarrow 2P_2O_5 + 10Cl_2 \tag{2.6}$$

具体扩散步骤可参照图 2.6。在富氧环境中，p 型硅片表面形成二氧化硅薄层[图 2.6(a)]，阻止氧化的进一步深入。三氯氧磷分解后形成的五氧化二磷在结构上类似于二氧化硅[图 2.6(b)]，由于相似相溶性，五氧化二磷能够很容易进入二氧化硅薄层，并与硅反应，释放磷原子[图 2.6(c)]。磷原子在温度和浓度的驱动下，进入硅片深处，形成 n 型层，并最终构成 p-n 结，该过程称为推结。随着氧气的持续通入，三氯氧磷被彻底分解，一部分磷原子进入硅片，另一部分以五氧化二磷的形式留在二氧化硅薄层中，形成磷硅玻璃(PSG)[图 2.6(d)]。

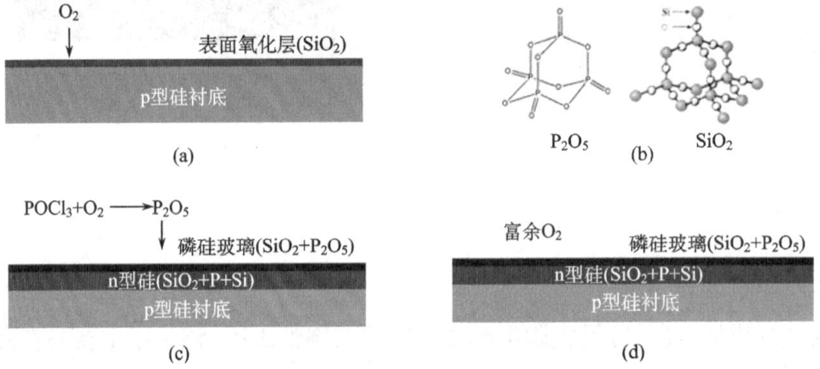

图 2.6　扩散机制示意图

由于三氯氧磷有较强的毒性，扩散过程需要在密闭空间中进行，工业生产中常用管式炉进行扩散作业。

2. 工艺流程

管式炉扩散工艺流程示意图及管式高温扩散炉如图 2.7 所示，简单介绍如下。首先是准备承载硅片的石英舟，硅片上舟时，每 2 片背对背放置，隔绝三氯氧磷，实现单面扩散。同时用惰性气体氮气吹扫炉腔，去除杂质气体和浮尘。完成准备工作后，石英舟送入炉内，关闭炉门，开始升温。温度稳定后，通入氧气，完成硅片表面的初步氧化。保持氧气流量不变(或按照工艺要求改变)，氮气流携带三氯氧磷通入，开始扩散。扩散完成后，停止三氯氧磷的通入，保持温度，反应掉残余三氯氧磷，完成推结。通入氮气吹扫，去除炉内残余反应气体，适当降低温度后，取出石英舟。

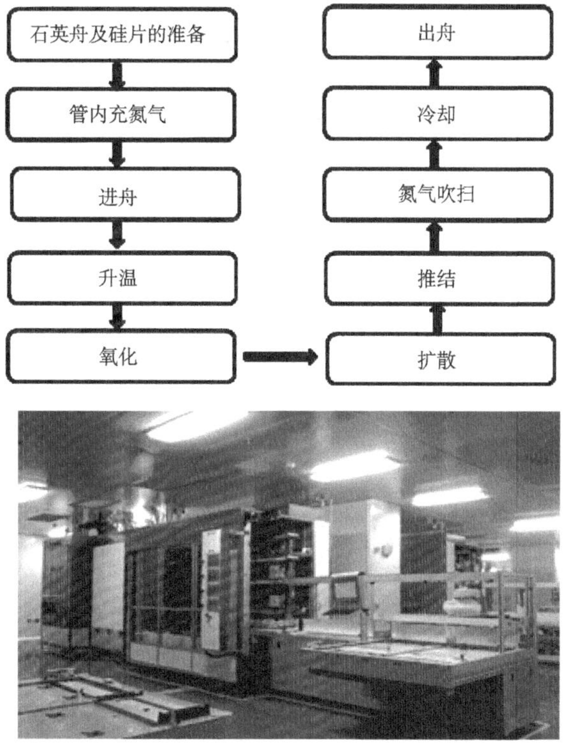

图 2.7　管式炉扩散工艺流程示意图及管式高温扩散炉

2.1.3　刻蚀、去 PSG

1. *原理*

硅片经过扩散工序后，一个表面和四个侧面都形成了反型层(图 2.8)。侧面反型层的存在，会导致电池正负极之间漏电、短路进而失效。另外，扩散工序会在硅片表面形成一层 PSG。首先，PSG 的存在使得硅片暴露在空气中时容易受潮，导致电流的降低和功率的衰减；其次，PSG 会增加发射区电子的负荷，缩短少子寿命，进而降低开路电压和短路电流；最后，PSG 会导致 PECVD 镀膜后产生色差。因此，硅片四周的反型层和 PSG 需要清除掉，工业上称为刻蚀和去 PSG。

刻蚀可分为干法刻蚀和湿法刻蚀。

干法刻蚀也叫等离子刻蚀，采用高频辉光放电反应，使反应气体激活成活性粒子，扩散到需要刻蚀的部位，与被刻蚀材料进行反应，形成挥发性生成物而被去除。干法刻蚀的优势在于在较快的刻蚀速率下得到良好的物理形貌(各向同性)。干法刻蚀效果示意图见图 2.8。工业上，普遍采用 CF_4 为反应气体。CF_4 分子在高能量的电子碰撞下分解成多种中性基团或离子。这些活性粒子在电场的作用下到达 SiO_2 表面，在 O_2 的参与下，分解 SiO_2，其反应过程如下：

$$CF_4 = CF_x^* + (4-x)F^* (x \leqslant 3) \tag{2.7}$$

$$Si + 4F^* = SiF_4 \tag{2.8}$$

$$SiO_2 + 4F^* = SiF_4 + O_2 \tag{2.9}$$

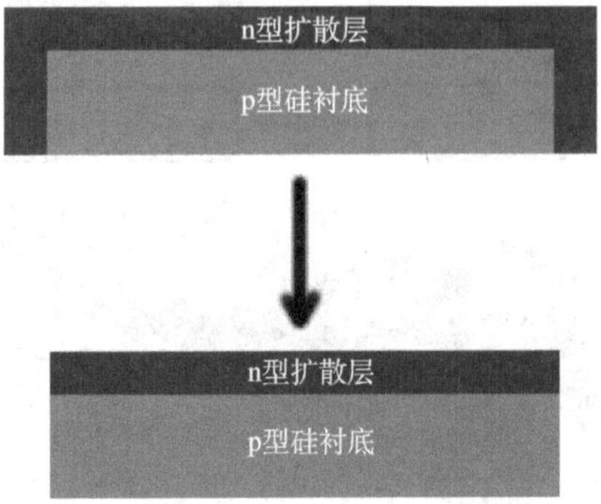

图 2.8　干法刻蚀效果示意图

湿法刻蚀采用强氧化性的 HNO_3，将硅片氧化成 SiO_2，然后利用 HF 去除。在生产中，往往会在反应溶液中添加硫酸(H_2SO_4)，增加表面张力，有利于硅片浮在液面上。硅片表面的 PSG 具有较强的亲水性，溶液在毛细作用下，能爬升到硅片侧壁甚至正面，腐蚀掉溶液覆盖位置的硅。湿法刻蚀后硅片示意图如图 2.9 所示，其反应方程式如下：

$$3Si + 4HNO_3 + 18HF = 3H_2SiF_6 + 4NO_2 + 8H_2O \tag{2.10}$$

经过刻蚀，去除周边反型层的硅片，采用 HF 腐蚀的方法，去除表面 PSG，反应方程式如下：

$$SiO_2 + 4HF = SiF_4 + 2H_2O \tag{2.11}$$

$$SiF_4 + 2HF = H_2SiF_6 \tag{2.12}$$

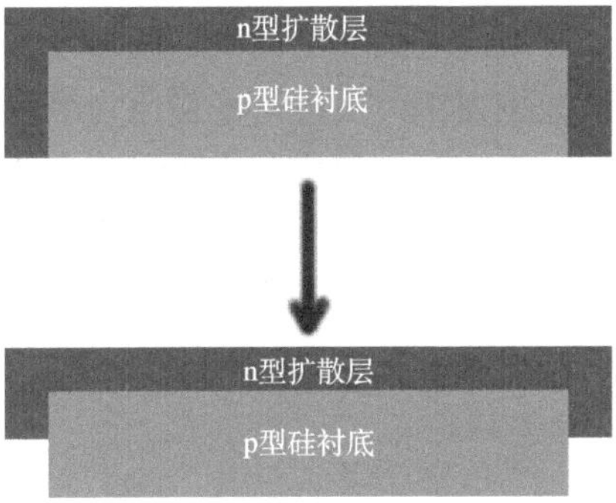

图 2.9　湿法刻蚀效果示意图

2. 工艺流程

由于湿法刻蚀流程和去 PSG 流程能够整合到一起，在工业生产中使用较为普遍。湿法刻蚀、去 PSG 工艺流程示意图及仪器图如图 2.10 所示。首先是上料，

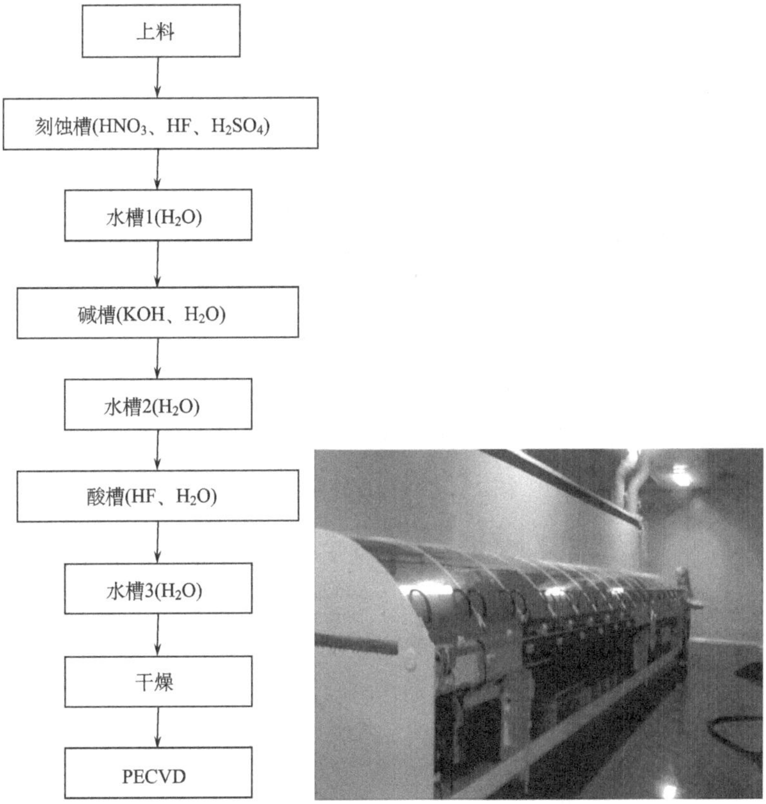

图 2.10　刻蚀、去 PSG 工艺流程示意图及仪器图

注意制绒面朝上，浮于反应溶液之上。刻蚀槽，添加 HNO_3、HF、H_2SO_4，用于去除侧面反型层，由于添加 H_2SO_4，反应溶液颜色为绿色。碱槽，添加 KOH 溶液，对刻蚀后的硅表面进行清洗并中和表面残留酸液。酸槽，添加 HF 和 H_2O，中和碱洗后残留在表面的碱液；去除表面 PSG，形成疏水层，便于吹干。各水槽用于清理表面杂质和去除硅片经过上一槽体后表面残留的酸液或碱液。湿法刻蚀所用仪器与多晶硅制绒仪器相同，在执行不同的工序时，各槽体加注的溶液有所变化。

2.1.4 PECVD

1. 原理

目前，制备太阳电池的硅材料纯度相比集成电路用硅材料纯度低、价格低。但是，这种材料中存在大量的杂质和缺陷，在晶体硅的能带中引入深能级，导致复合中心增多，少子寿命缩短，最终影响电池的转换效率。氢原子能够以多种渠道进入晶体硅，与杂质或硅悬键相结合(图 2.11)，钝化杂质和缺陷的电活性，延长少子寿命，有效提高电池的转换效率。

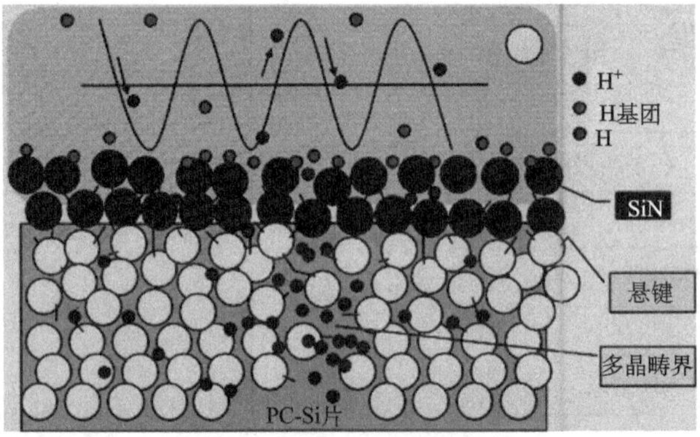

图 2.11　钝化过程示意图

另外，为了增加太阳光的吸收，在电池表面镀减反射膜，实现增透减反。如图 2.12 所示，入射光分别在膜的上下两个表面发生反射，如果这两束反射光相消干涉，反射光几乎没有，全部透射进电池表面；如果这两束反射光相长干涉，则有较强的反射光，透射光较弱。可以通过调节膜厚度和折射率来改变两束反射光的光程差，实现相消干涉，增强透射光。

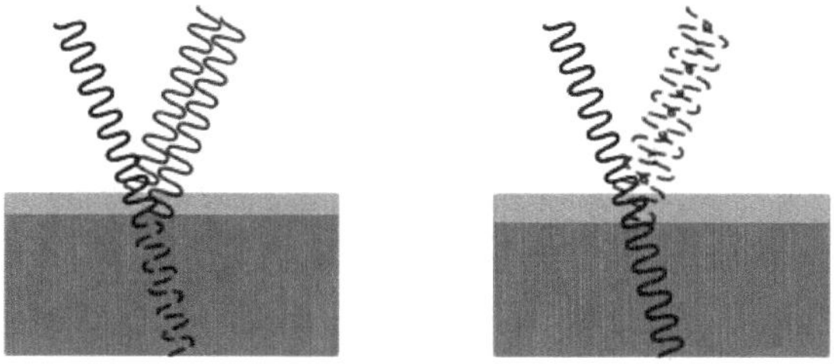

(a) 相长反射　　(b) 相消反射

图 2.12　减反射膜原理示意图

最后，表面镀膜能够保护电池扩散层。采用 PECVD 制备富氢的 SiN_x 薄膜能够同时完成镀膜和钝化，在工业生产中得到广泛采用。工业 PECVD 大多采用 SiH_4 和 NH_3 为反应气体，反应方式如下：

$$3SiH_4 + 4NH_3 \longrightarrow Si_3N_4 + 12H_2 \tag{2.13}$$

$$3SiH_4 \longrightarrow SiH_3 + SiH_2 + SiH + 6H \tag{2.14}$$

$$2NH_3 \longrightarrow NH_2 + NH + 3H \tag{2.15}$$

2. 工艺流程

以工业生产中普遍采用的管式炉为例， PECVD 镀膜的工艺流程示意图及 PECVD 镀膜机如图 2.13 所示。将刻蚀后的硅片插入石墨舟，注意硅片和石墨舟之间至少有 3 个接触点，石墨舟内层两侧对称放置硅片。管式炉内氮气吹扫，去除杂质气体和浮尘。石墨舟放置进炉管后，炉管内抽真空，同时炉管开始升温。依次通入 NH_3 和 N_2 吹扫，进一步去除管内杂质。管内抽至极限真空，检查系统气密性，确保无漏气，并进一步升温至反应温度后，维持温度。首先通入 NH_3 进行钝化，随后立即通入 SiH_4 气体开始镀膜。镀膜结束后，抽去管内反应气体，通入 N_2 吹扫，并降温。待管内恢复常压常温后，打开炉门，取出石墨舟。

2.1.5　丝网印刷

1. 原理

丝网印刷包含两个过程：印刷和烧结。

印刷是指将金属导体浆料按照所设计的图形，通过刮条挤压漏印在 PECVD 镀膜后合格的硅片正面、背面，利用网版图文部分网孔透墨、非图文部分网孔不透墨的基本原理进行印刷。

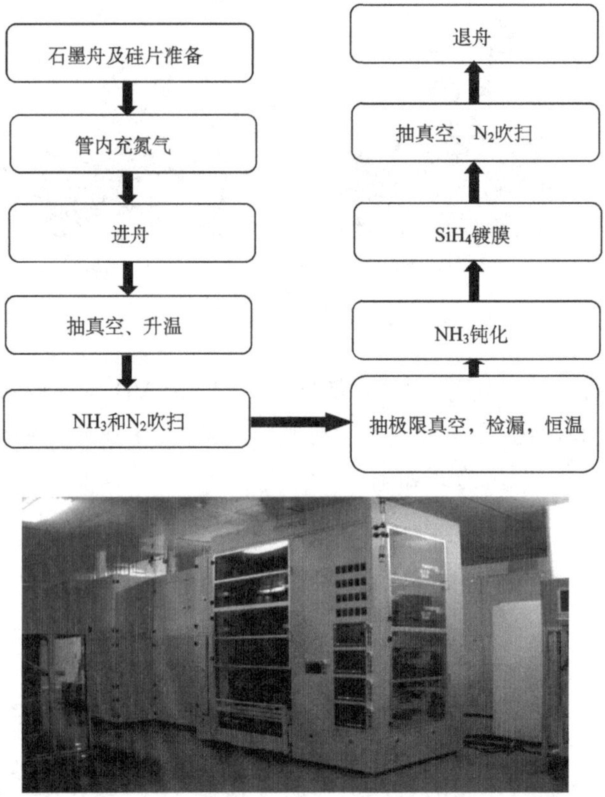

图 2.13　PECVD 镀膜工艺流程示意图及 PECVD 镀膜机

印刷时在网版上加入浆料，刮刀对网版施加一定压力，同时朝网版另一端移动。浆料在移动中从网孔中挤压到承印物上，由于黏性作用而固着在一定范围之内。由于网版与承印物之间保持一定的间隙，网版通过自身的张力产生对刮刀的回弹力，使网版与承印物只呈移动式线接触，而其他部分与承印物为脱离状态，浆料与丝网发生断裂运动，保证了印刷尺寸精度。刮刀刮过整个版面后抬起，同时网版也抬起，并通过回墨刀将浆料轻刮回初始位置，完成一个印刷行程(图 2.14)。

印刷在硅片上的浆料含有很多有机溶剂，要进一步通过烧结去除有机溶剂，使浆料固化成电极，并最终使电极和硅片本身形成欧姆接触，从而提高电池片的开路电压和填充因子 2 个关键因素参数，使电极的接触具有电阻特性，达到生产高转换效率电池片的目的。具体来说，印刷了导电浆料的硅片经过烘干排焦过程后浆料中的大部分有机溶剂挥发，膜层收缩为固状物紧密黏附在硅片上，初步形成电极。当电极里的金属材料和硅片加热到共晶温度时，硅原子以一定比例融入

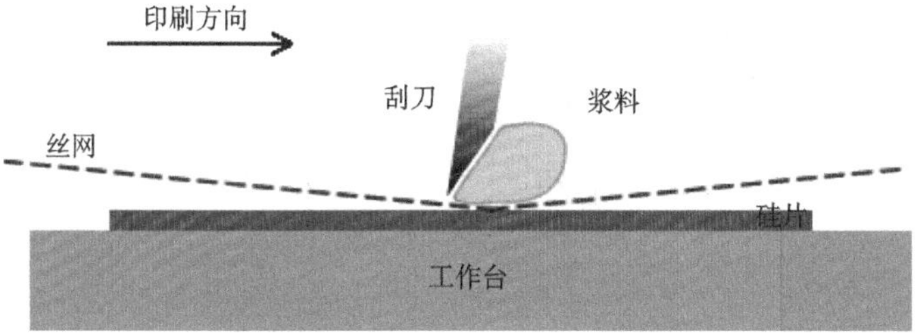

图 2.14　丝网印刷原理示意图

熔融的合金电极材料中，形成共熔体。硅原子融入浆料金属中一般只需要几秒钟，融入的硅原子数目取决于合金温度和电极材料的体积，烧结合金温度越高，电极金属材料体积越大，则融入的硅原子数目就越多。降温后，形成熔融玻璃，具有良好的欧姆接触。

2. 工艺流程

典型的晶硅电池印刷生产工艺流程中需要进行多次丝网印刷步骤。目前主要有两种印刷方法：一种是先在背面印刷母线(背电极)，再印刷铝背场(背电场)，随后印刷正面电极；另外一种是先印刷正面电极，再印刷母线，最后印刷铝背场。以先印刷背电极、背电场，后印刷正面电极为例，简要介绍丝网印刷的工艺流程(图 2.15)。

上料，检查确认硅片没有问题。背电极的印刷，采用银浆料，印好后烘干。背电场的印刷，检测背电极位置合格后开始印刷，采用铝浆料，印好后烘干。正电极的印刷，翻转电池片，检测背电场位置合格后开始印刷，采用银浆料，印好后，进行烘干排焦(<500℃)。烧结，温度在 500℃之上。烧结后的电池片测试其效率，按效率分类打包入库。

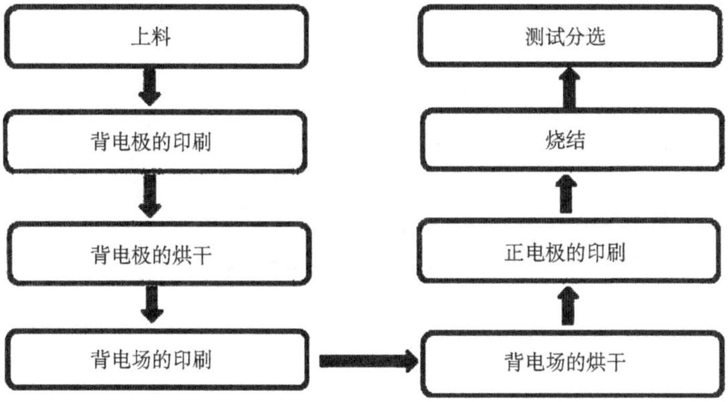

图 2.15　丝网印刷工艺流程示意图及仪器图

2.2　太阳能光伏组件生产工艺

单体太阳电池经过串联、并联形成电池串后，能获得较大的开路电压和短路电流。但此时的电池串还不能直接使用，因为用于制备太阳电池的硅片厚度约为0.2mm，极易碎；另外，电池片直接暴露在空气中，容易受到环境的污染和腐蚀，造成电池片短路、失效。需要将电池串封装成组件。常见的封装技术包括 EVA 胶膜封装、真空玻璃封装和紫外(UV)固化封装，其中 EVA 胶膜封装是应用最为广泛的晶体硅光伏组件封装方法。

2.2.1　EVA 胶膜封装技术简介

典型的 EVA 胶膜封装组件结构示意图见图 2.16，整个组件剖面可分为五层，分别为玻璃面板、EVA 膜、通过连接条连接起来的电池片串、EVA 膜和背板(背板上装有接线盒)。组件四周的边框，可根据设计要求进行取舍。如果加装边框，则边框和盖板之间填充硅胶或热熔胶密封。

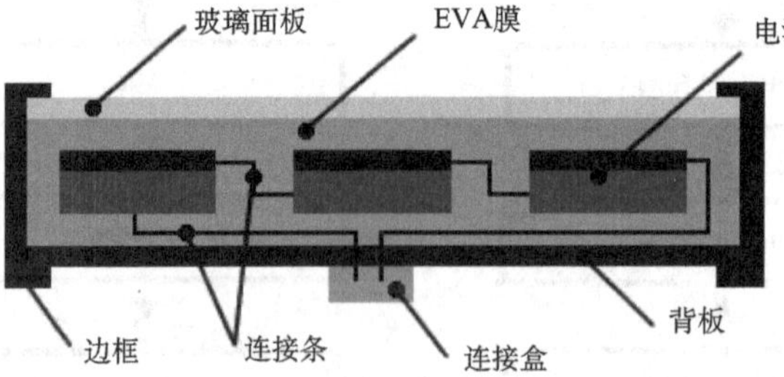

图 2.16　EVA 胶膜封装组件结构示意图

在组件工作时，阳光首先要通过玻璃面板，才能被电池片吸收；另外，玻璃面板也要对脆弱的电池片起到保护作用。因此要求玻璃面板具有较高的透射率、良好的力学性能、良好的绝缘性、隔水隔气、耐老化、耐腐蚀等，目前普遍采用成本较低的钢化低铁玻璃。

EVA 膜是一种热熔黏结胶膜，常温下无黏性而具有抗黏连性，经一定条件热压便发生熔融黏结与交联固化，将电池串“上盖下垫”包封。固化后的 EVA 能承受大气变化且具有弹性，并和上层保护材料玻璃面板、下层保护材料背板黏合为一体。另外，它和玻璃黏合后能提高玻璃的透光率，起着增透的作用，对太阳电池组件的输出有增益作用。

电池片通过单焊和串焊形成电池串。单焊指将互连条直接焊接到电池片正面的主栅线上；串焊指将焊接好的单片互连条平直地焊接到下一电池片的背面电极上，依次形成电池串。将电池串排列好之后用汇流条串联起来，并引出正负极接线，用以连接接线盒。

背板用来阻止恶劣气候对组件造成的伤害，确保组件的使用寿命。因此，其具有很低的热阻、可靠的绝缘性、阻水性、抗老化和一定的机械强度，最常用的背板为 TPT(Tedlar/PET/Tedlar)。背板上往往会安装接线盒，接线盒是光伏电池的输出端，也可以与其他电池相连，形成组件阵列。接线盒中还装有一个旁路二极管，将问题电池或电池串隔离，保护整个组件乃至整个阵列。

边框能够保护钢化玻璃脆弱的边角，增强组件的机械强度，同时便于组件的安装。边框和组件之间填充的硅胶增强边框和组件之间的黏结强度，同时密封组件的边缘。

2.2.2　EVA 胶膜封装工序

EVA 胶膜封装主要由四个工序组成，分别为焊接、叠层铺设、层压和总装。

焊接工序包含单片焊接(单焊)和串联焊接(串焊)两种。单片焊接是指将汇流条焊接到电池片正面的主栅线上，汇流条数量和主栅数相同，汇流条长度约为电池片宽度的 2 倍[图 2.17(a)]。串联焊接是将单焊后连接在电池片正面电极上的汇流条焊接到下一片电池片的背面电极上，将单片电池片串联起来，形成电池串[图 2.17(b)]。如果组件设计中存在多串电池串并联成电池串组，则要将各电池串的正极通过汇流条焊接起来，负极之间也通过汇流条焊接起来。

叠层铺设是指将组件的各层按照正确的顺序依次铺设好，如图 2.18 所示。按照从下到上的顺序，铺设次序一般为玻璃面板、EVA 胶膜、电池串、EVA 胶膜和背板。在铺设时要注意各材料层的正确次序，不能重复或缺失；电池片相对于玻璃面板位置和相互之间位置正确；各层材料之间不能混入杂物。铺设好之后，将电池串的引出电极从背板的切口伸出，便于连接接线盒。

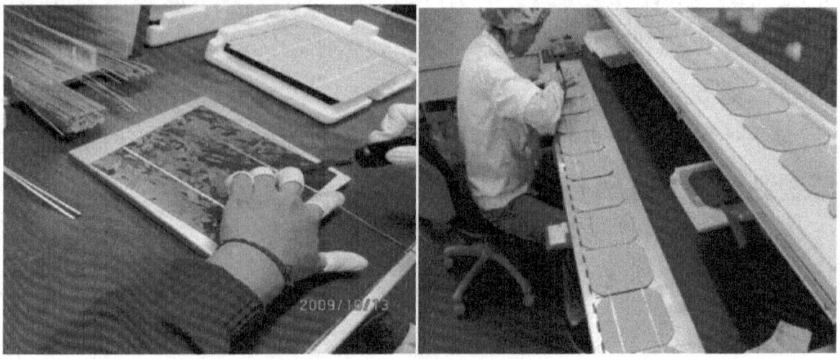

(a)　　(b)

图 2.17　单焊后电池片和串焊后电池串

图 2.18　叠层铺设后组件

层压是 EVA 胶膜封装技术中最重要的一个工序，成品组件的性能、使用寿命以及外观都将在层压这一工序定型。该工序是将铺设后的组件送入层压机，通过加热加压使 EVA 熔化-固化后形成成品。层压工序最重要的参数是抽气时间、充气时间、层压时间和层压温度。

(1) 抽气时间指加压前的抽气持续的时间。通过抽气，可以排出封装材料间的空气和层压过程中产生的气体，消除组件内的气泡；还可以制造压力差，提供层压所需要的压力。

(2) 充气时间是层压机增加压力的过程，时间越长，压力越大。一定的压力能够使 EVA 交联后形成的高分子疏松结构更加致密、具有更好的力学性能，也更有利于 EVA 和玻璃、背板之间的黏合。

(3)层压时间是指施加在组件上的压力的保持时间。

(4)层压温度指层压期间组件加热的温度。

每一台层压机(图 2.19)的参数都需要经过多次试验、微调，最终获得最佳工艺参数。

图 2.19　层压机

总装是根据设计要求，给层压后的组件成品安装边框(可不装)和接线盒、保温固化、清洗、测试后包装入库等一系列操作的统称。

2.2.3　EVA 胶膜封装工艺流程

EVA 胶膜封装流水线，根据焊接采用的方式，分为手工线和自动线。

图 2.20 为组件封装手工线的工艺流程图，这些工序可以分为七个操作组。

(1)准备组。该组要将后道焊接、叠层所需要的物料从物料管理处领出，并按照实际使用要求进行裁切，包括电池片领料、电池片分选(该工序有可能在电池片生产线上完成)、焊带领料、焊带浸泡、焊带烘干、玻璃领料、汇流条领料、汇流条裁切、汇流条焊接、背板领料、背板裁切、背板开口、EVA 领料、EVA 裁切。

(2)焊接组。该组主要负责将分选好的电池片进行焊接，形成电池串，包括单焊和串联焊接。

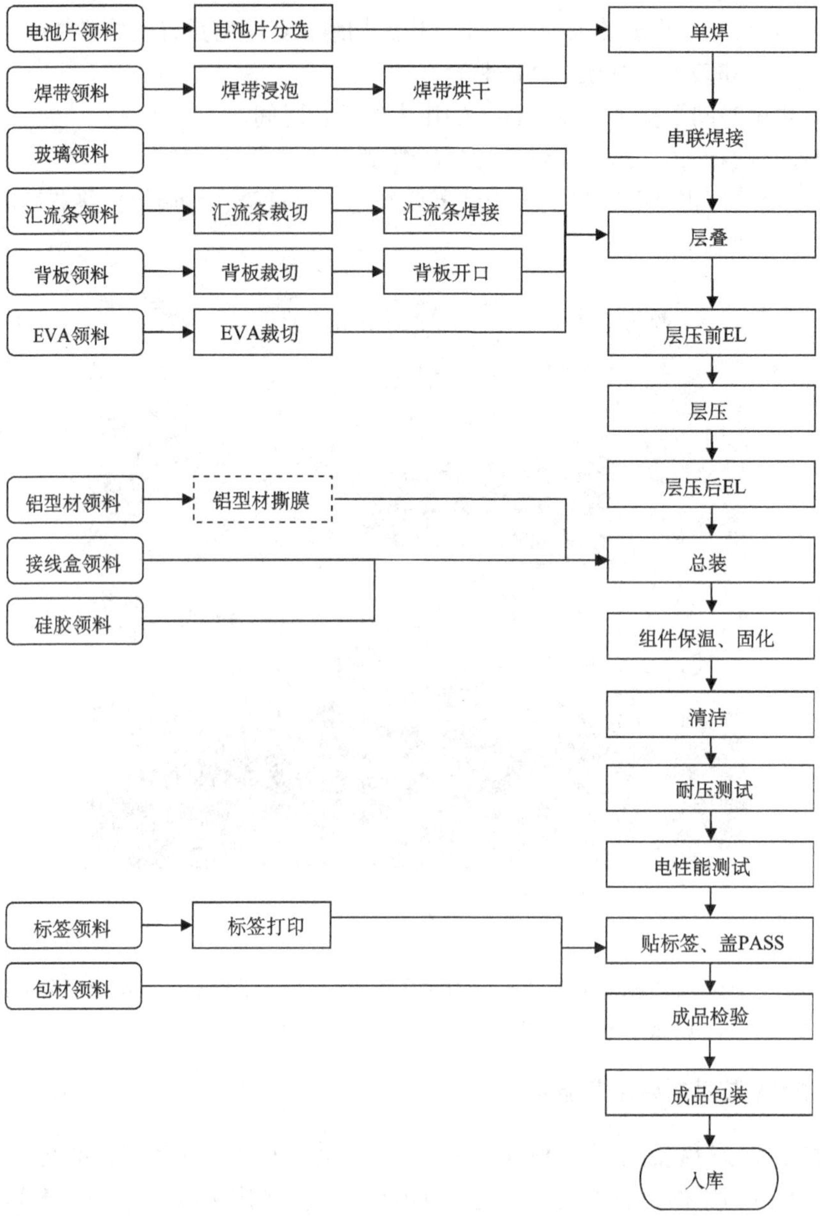

图 2.20　组件封装手工线工艺流程图

(3) 叠层组。该组主要负责用汇流条将串焊好的电池串连起来形成排列，然后连同封装材料一起层叠起来。

(4) 层压组。该组主要负责操作层压机，层压组件。

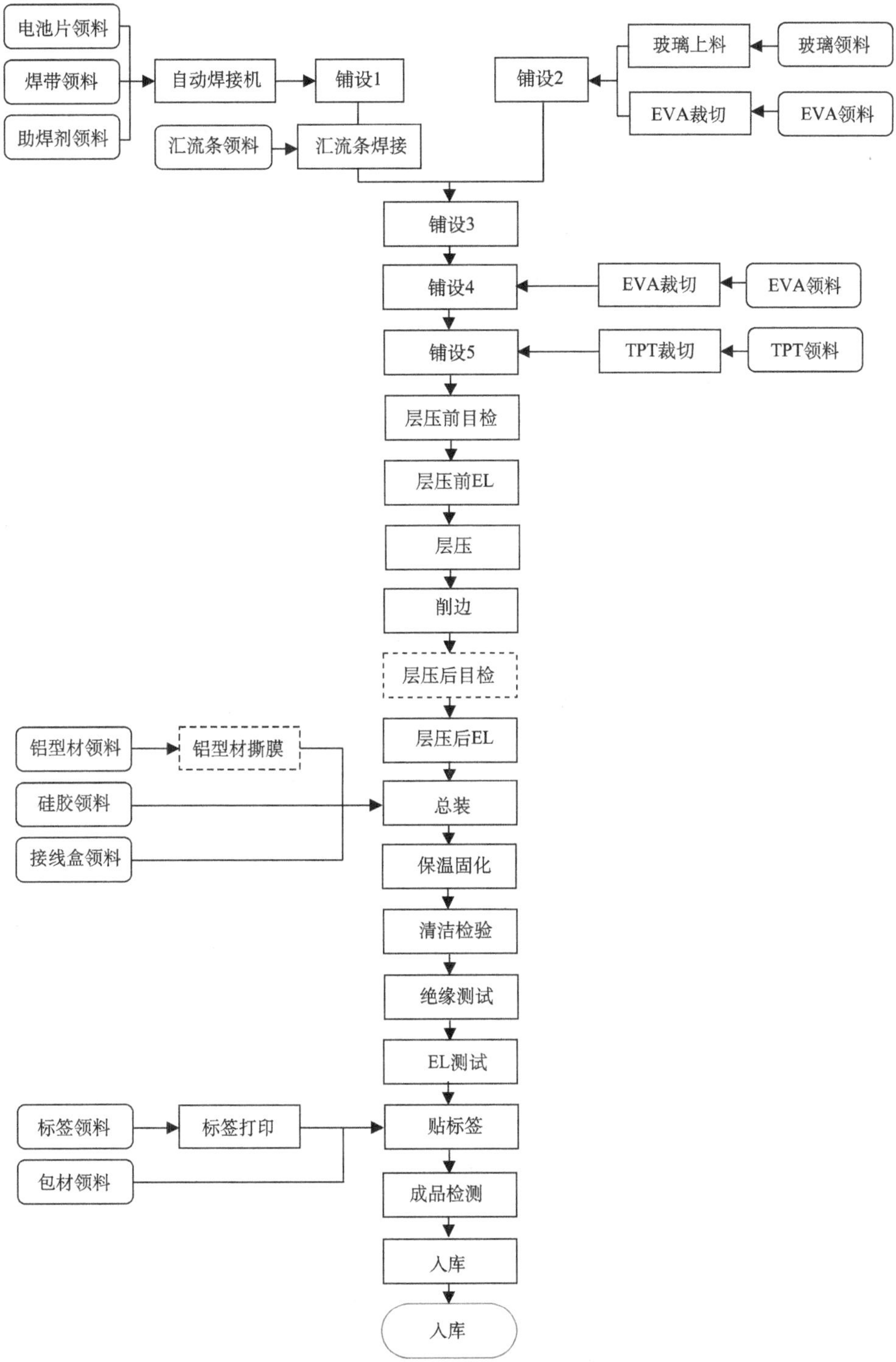

图 2.21　组件封装自动线工艺流程图

(5) 总装组。该组负责给层压后的组件装上铝型材边框、装上接线盒并放入固化室保温固化，包括铝型材领料(铝型材撕膜)、接线盒领料、硅胶领料、组件削边、装框、装接线盒、组件保温固化。

(6) 测试组。该组负责关键工序后的测试和成品组件的性能测试，包括层压前EL、层压后EL、清洁、耐压测试、电性能测试。

(7) 包装组。该组负责将成品组件贴上标签，包装入箱，包括标签领料、标签打印、包材领料、贴标签、成品检测、成品包装、入库。

图2.21为组件封装自动线工艺流程图。自动线和手动线的区别主要集中在准备组、焊接组和叠层组。采用自动焊接机(图2.22)后，焊带的剪切、浸泡，电池片的单焊、串焊都集中到焊接机中自动完成。叠层由一次完成，分解为流水线上的多个铺设工序。自动线相比手工线，焊接速度快、质量一致性好，从产能和成品质量上都有大幅度提高。

图2.22　自动焊接机

思　考　题

2-1　简述单晶硅(多晶硅)片制绒的原理和目的。

2-2　简述扩散工序的原理和目的。

2-3　简述刻蚀工序的方法、原理和目的。

2-4　简述PECVD镀膜的目的、原理和方法。

2-5　简述晶硅太阳能电池组件的生产工艺。

第 3 章　太阳电池片及组件产线质量控制

工业化生产晶硅电池的原材料是片状硅片，包括单晶硅片和多晶硅片。原料经过制绒、扩散、刻蚀、PECVD 和丝网印刷后，成为能将太阳光能直接转化成电能输出的太阳能电池片。单片的电池片通过焊接形成电池串后，再进行封装形成能够安装使用的组件。组件要获得较好的转换效率，除了严把原材料质量关，每一道工序中严格的质量控制也必不可少。

3.1　制绒工序质量控制

制绒工序是由硅片生产电池片的第一步，该工序的完成质量直接决定着电池片对阳光的吸收率。

3.1.1　绒面质量要求

制绒后的单晶硅片表面形态和多晶硅片表面形态差异巨大。

单晶硅片一般采用混合碱液腐蚀的方法制备绒面，腐蚀形成各个表面均为(111)面的角锥体(类似金字塔)(图 2.2)。研究及实际生产发现，角锥体高度在 5μm 以下，角锥体大小较为一致且均匀覆盖硅片表面的绒面，能够生产出效率较好的电池片。

多晶硅片的制绒是通过酸腐蚀来实现的。反射率较低的多晶硅绒面形貌较为均匀，由微裂纹和气泡状腐蚀坑交织在一起，非常不平整，这种表面有时候也称为多孔硅，如图 2.3 所示。腐蚀坑不能过大，也不能过深。过大的腐蚀坑，坑底会反光；过深的腐蚀坑，会给后续工序带来麻烦，尤其是可能在扩散过程中被 PSG 填满。

3.1.2　扫描电子显微镜

扫描电子显微镜(Scanning Electron Microscope, SEM)是最常用的观察纳米-微米尺度对象的实验仪器，能直观地展示硅片绒面的形貌。

扫描电子显微镜是能量为 1～30kV 的电子束，以光栅状扫描方式照射到被分析试样的表面上，利用入射电子和试样表面物质相互作用所产生的二次电子和背散射电子成像，获得试样表面微观组织结构和形貌信息。配置波谱仪和能谱仪，利用所产生的 X 射线对试样进行定性和定量化学成分分析。

扫描电子显微镜由三大部分组成：真空系统、电子束系统以及成像系统(图 3.1)。

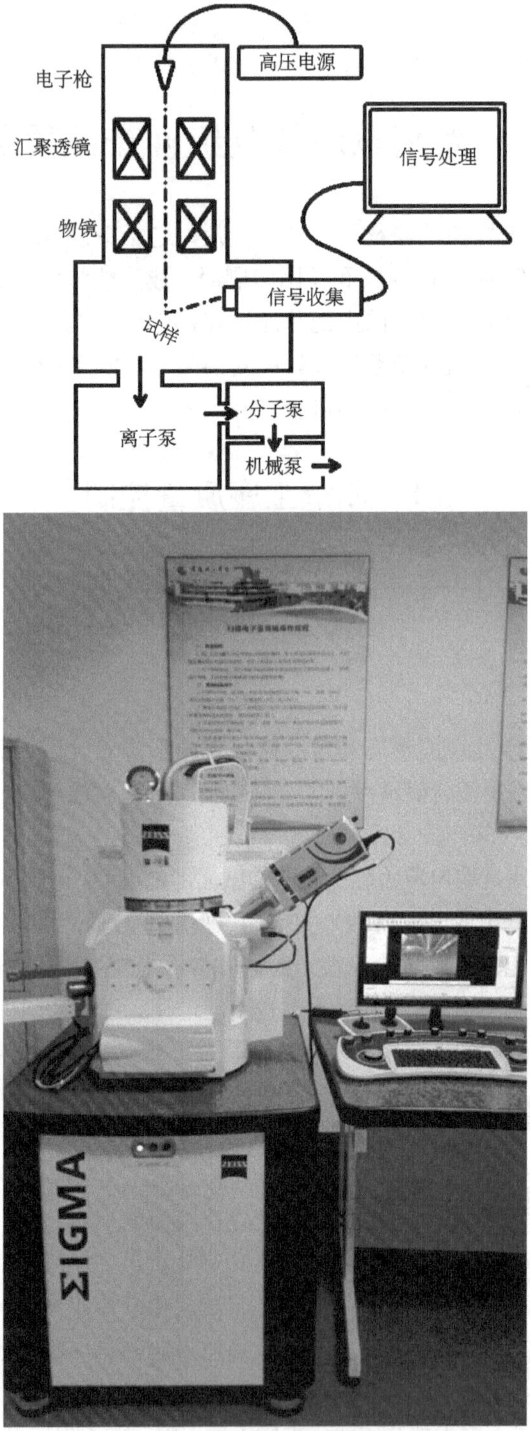

图 3.1　扫描电子显微镜原理图及仪器图

真空系统主要包含真空腔和真空泵两部分。真空腔内能维持一定的真空度，安装有电子束系统和成像系统。真空泵一般为机械泵、涡轮分子泵组成的体系，用于抽取真空腔内的气体，该体系能维持 10^{-7}Pa 左右的真空度。

电子束系统由电子枪和电磁透镜两部分组成。常用的电子枪根据产生电子的原理分为两类：一类利用场致发射效应产生电子，称为场发射电子枪；另一类利用热效应产生电子，因常用的是钨灯丝，一般称为钨枪。电磁透镜包含汇聚透镜和物镜两组。汇聚透镜用汇聚电子束，位于电子枪之下，由多个透镜组成，并有一组汇聚光圈与之相配合。物镜是离样品最近的一个电磁透镜，将电子束的焦点汇聚到样品表面。配合调节汇聚透镜和物镜能改变扫描电子显微镜的放大倍数。

成像系统包含电子信号收集和处理两个部分。电子束打到样品表面，与样品相互作用，产生次级电子、背散射电子、X 射线等一系列信号。这些信号的收集需要配置不同的探测器，如次级电子探测器、X 射线能谱分析仪等。收集到的各类信号通过相应的电子系统转换处理，形成直观的图像呈现在显示器上。

3.1.3　产线绒面质量监控

采用扫描电子显微镜观察绒面微观结构时，需抽真空、对焦、扫描等步骤，耗时较多。另外，对于根据扫描图像判断绒面质量存在主观因素。基于以上两点，产线上一般不采用扫描电子显微镜监控绒面质量，而是采用更为方便快捷直观的腐蚀量检测。

对于特定种类硅片，通过工艺实验确定最佳腐蚀深度，腐蚀深度计算公式如下：

$$(\text{硅片的初始质量}-\text{制绒后硅片的质量})\times\text{腐蚀深度系数}\,K \tag{3.1}$$

式中，腐蚀深度系数 K 为硅片单位深度质量的倒数。以多晶硅片 156 为例，该硅片是边长为 156mm 的正方形，密度为 2.33g/cm^3，其腐蚀深度系数的计算过程如下：

多晶硅 156 的面积：$156\text{mm}\times156\text{mm}=24336\text{mm}^2$

单位深度的质量：$2.33\text{g/cm}^3\times24336\text{mm}^2=567.0288\text{g/cm}$

腐蚀深度系数：$K=\dfrac{1}{567.0288\text{g/cm}}=17.64\mu\text{m/g}$

多晶硅 156 的最佳腐蚀深度范围为 $(3.7\pm0.5)\mu\text{m}$，则制绒后硅片的减重为 $(65.27\pm8.82)\text{g}$。

产线制绒的仪器从结构上来说，一般分为链式和槽式两种。对于链式结构来说，腐蚀量测量的作业方式如下：

(1) 每批片子的腐蚀深度都要检测，不允许生产编造数据、搞混批次等。

(2) 要求每批抽取非连续排列 3 片，测量完后要求生产及时输入 SPC[①]中。

(3) 放测量片时，把握均衡原则。如果第一批放在 1,3,5,7 道，下一批则放在 2,4,6,8 道，便于检测设备稳定性以及溶液的均匀性。

(4) 电子天平(又称电子秤)使用前将水珠调整至中间位置，再进行校准(校 0)。

(5) 用镊子将硅片夹入电子秤内进行称重(镊子为非金属，使用前用酒精布擦拭干净，干燥后使用)，如图 3.2 所示。

图 3.2　镊子、电子天平使用示意图

对于槽式结构，腐蚀量检测的作业方式如下：

(1) 制绒前取大花篮四个角各一片称重(小花篮宽边的第一片)，如图 3.3 所示，将每批测试的腐蚀前质量记录在相关表单中。

图 3.3　大花篮取片位置示意图

---

① SPC：统计过程控制，是一种应用数学统计方法对生产过程进行监控的一种技术。

(2) 将测试片相对应小花篮按甩干机内铁花篮标示(图 3.4)放入甩干机进行甩干，甩干完毕后按标示取出称重，算出腐蚀量，腐蚀量要求保留两位小数并记录。

(3) 电子天平使用前将水珠调整至中间位置，再进行校准(校 0)。

(4) 用镊子将硅片夹入电子秤内进行称重(镊子使用前用酒精布擦拭干净，干燥后使用)，如图 3.2 所示。

(5) 对制绒下料后的硅片进行抽检，每盒前中后抽 3 片，每盒中一旦出现返工片对整盒进行抽检，将不良片挑出，集中放置待返工区域。

图 3.4　甩干机测试片位置示意图

产线上的每一片硅片，在下片时都要经过操作员工目检是否完整；表面是否有明显的小水珠、滚轮印、黑边、水痕等外观异常情况。

典型的外观不良如下：

(1) 小水珠。由于风刀吹不干导致硅片边缘或中间区域残留有轻微小水珠的情况(图 3.5)。

图 3.5　硅片表面残留小水珠

(2)大面积水残留。由于叠片导致硅片上大面积药液残留的情况(图 3.6)。

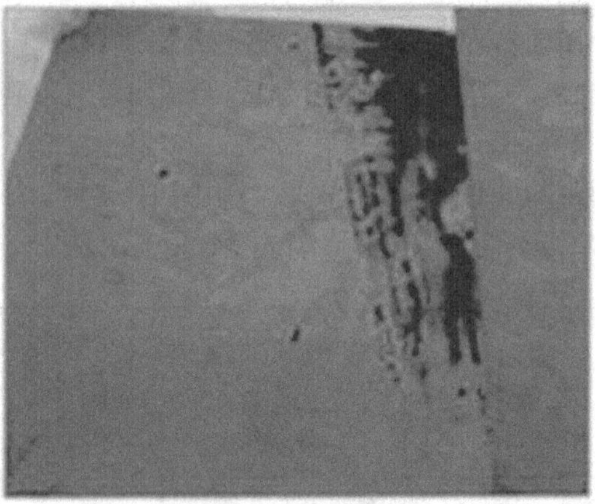

图 3.6　大面积药液残留

(3)滚轮印(图 3.7)。

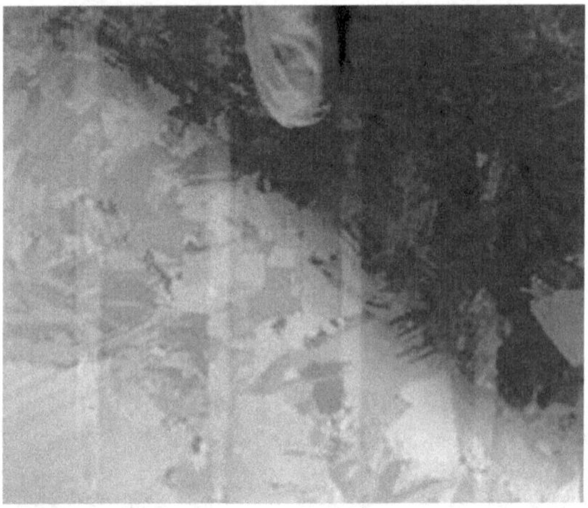

图 3.7　滚轮印

(4)各类脏片(图 3.8)。

返工片的判定标准如下。

白边：两侧白边连成线，判定返工。

发白：≥4cm^2面积发白，判定返工。

白点：单面出现超过 3 个 4mm^2白点，判定返工。

上述各种异常造成的不良片要及时进行返工。

图 3.8　脏片

返工流程如下。

(1) 超时返工：制绒至扩散超时的隔离片在刻蚀返工时，绒面朝上；返工前需通知到制绒工艺进行机台调整。

(2) 不良返工：当班产生的返工片(包括叠片不良)累计至下班前最后一批集体返工，返工时绒面朝下。

(3) 出现不良时，工艺技术员(在产线上简称工艺)可根据现场实际隔离情况判定不良片处理方法。

(4) 产线做完返工片，在做正常片之前需测试量测片腐蚀深度并通知工艺，工艺根据测试片腐蚀深度调整工艺参数后开始正常生产。

3.2　扩散工序质量控制

扩散(或扩散制结)是太阳电池生产中的关键性工序，该工序在硅片表面制备太阳能电池的核心：p-n 结。目前工业生产中主要采用三氯氧磷液态源扩散在掺硼的 p 型硅片衬底上制备 n 型重掺杂层，从而得到 p-n 结的方法。

3.2.1　扩散质量要求

扩散制得 p-n 结的结深、掺杂区的掺杂浓度对开路电压和短路电流的影响是对立的。理论计算显示：浅结和发射区轻掺杂能获得较高的短路电流；发射区较浓掺杂能获得较高的开路电压，同时，较浓掺杂的发射区能与电极之间形成良好的欧姆接触，减小串联电阻，提高填充因子。因此，要调节合适的结深和发射区掺杂浓度，协调短路电流和开路电压，获得最佳转换效率。

除了合适的结深，扩散还要提高均匀性。扩散的均匀性体现在 p-n 结结深的差异性上。结深差异小，则扩散均匀性好；结深差异大，则扩散均匀性差。扩散的均匀性影响电池片电性能参数相对于正态分布的偏离，均匀性差，偏离大，低效电池片比例增加；均匀性好，偏离小，高效电池片比例增加。扩散的均匀性通过计算电池片方阻的均匀性来衡量。方阻的均匀性通过测量电池片不同位置的方阻，根据公式(3.2)计算后得到。

电池片方阻均匀性计算公式如下：

$$M = \frac{\max - \min}{\max + \min} \times 100\% \tag{3.2}$$

3.2.2　方阻测试方法

方块电阻即方阻是指一个正方形区域对边之间的电阻。方阻的大小不受正方形区域的大小的影响，仅和材料、膜厚等因素相关。方块电阻和样品厚度的乘积即电阻率，是衡量半导体材料内扩散掺杂浓度的重要参数。方阻通常采用四探针法来测量。

四探针法指用四根针间距在 1mm 左右的金属探针同时压到样品表面(图 3.9)，给 1、4 两根探针通以小电流，然后测量 2、3 两根探针之间的电压，最后根据公式(3.3)计算出样品的电阻率：

$$\rho = C\frac{V_{23}}{I} \tag{3.3}$$

式中，C 为修正系数，由探针的排列方法和针距决定(cm)；V_{23} 为 2、3 探针之间的电压(V)；I 为通过样品的电流(A)。根据样品的形状和尺寸，四探针法的探针安排各有不同。一般来说，样品为体材料，采用半无限大样品的模式；样品为薄膜材料，采用无限薄层模式。测量电池片扩散后方阻采用的是无限薄层模式。

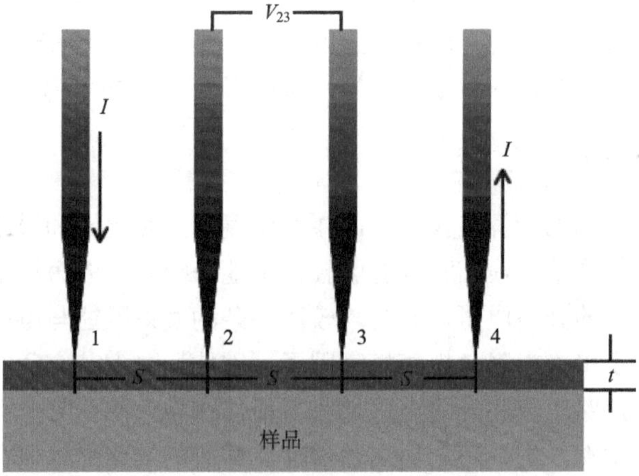

图 3.9　四探针法原理图(直线排列)

无限薄层模式的样品横向尺寸较大，厚度 t 远小于探针针间距 S，探针可直线排列(图 3.9)或正方形排列(图 3.10)。图中 I_+ 表示电流从探针 1 流入硅片，I_- 表示电流从探针 4 流出硅片。流入硅片的电流在薄层内近似以放射状流动，其等位面近似为圆柱面。探针 1 的电流在 r 处形成的电位可以用下式表示：

$$(V_r)_1 = \int_r^{\infty} \frac{\rho I}{2\pi r t} \mathrm{d}r = -\frac{\rho I}{2\pi t} \ln r \tag{3.4}$$

式中，ρ 为薄层的平均电阻率。由公式(3.4)可得探针 1 电流在探针 2、3 之间形成的电位差为

$$(V_{23})_1 = -\frac{\rho I}{2\pi t} \ln \frac{r_{12}}{r_{13}} = \frac{\rho I}{2\pi t} \ln \frac{r_{13}}{r_{12}} \tag{3.5}$$

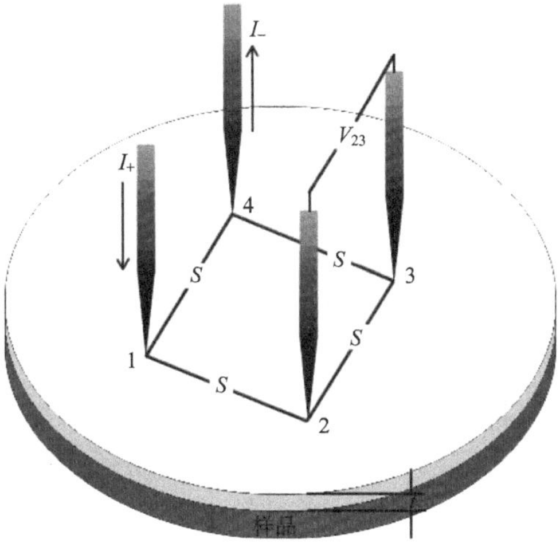

图 3.10　无限薄层模式电阻率测量示意图(正方形排列)

探针 4 电流在探针 2、3 之间形成的电位差为

$$(V_{23})_4 = \frac{\rho I}{2\pi t} \ln \frac{r_{42}}{r_{43}} \tag{3.6}$$

由公式(3.5)和公式(3.6)可知，探针 2、3 之间的总电位差为

$$V_{23} = (V_{23})_1 + (V_{23})_4 = \frac{\rho I}{2\pi t} \ln \frac{r_{42} \cdot r_{13}}{r_{43} \cdot r_{12}} \tag{3.7}$$

即电阻率表达式为

$$\rho = \frac{2\pi t V_{23}}{I} \bigg/ \ln \frac{r_{42} \cdot r_{13}}{r_{43} \cdot r_{12}} \tag{3.8}$$

探针直线排列时，$r_{12} = r_{34} = S$，$r_{13} = r_{24} = 2S$，电阻率可化简为

$$\rho = \frac{\pi t}{\ln 2} \cdot \frac{V_{23}}{I} \tag{3.9}$$

探针正方形排列时，$r_{12} = r_{34} = S$，$r_{13} = r_{24} = \sqrt{2}S$，电阻率可化简为

$$\rho = \frac{2\pi t}{\ln 2} \cdot \frac{V_{23}}{I} \tag{3.10}$$

方阻 R_s 和薄层电阻率之间存在如下关系：

$$R_s = \frac{\rho}{t} \tag{3.11}$$

最终可得在无限薄层模式下，探针直线排列时的方阻为

$$R_s = \frac{\pi}{\ln 2} \cdot \frac{V_{23}}{I} \tag{3.12}$$

探针正方形排列时的方阻为

$$R_s = \frac{2\pi}{\ln 2} \cdot \frac{V_{23}}{I} \tag{3.13}$$

实际测量中，被测样品无法满足无限大条件，因此需要引入修正系数。修正系数由针间距 S、样品长边长 a 和短边长 d 之间的关系决定。以多晶硅 156 为例，边长 a=d=156mm，针间距 S 在 1mm 左右，即 a/d=1，d/S 近似无穷，查表可知修正系数约为 9.0647(表格见附录)。

3.2.3　产线扩散质量监控

外观检查：将片子从石英舟上取下，观察外观是否有缺陷，并判断是否为扩散过的硅片(图 3.11，其中左为正常扩散过的硅片，右为未扩散硅片。扩散过硅片的非扩散面的边缘相比于中心部分颜色偏黑，未扩散硅片的非扩散面边缘与中心颜色一致)，如果硅片存在缺陷或硅片未扩散，通知工艺人员。

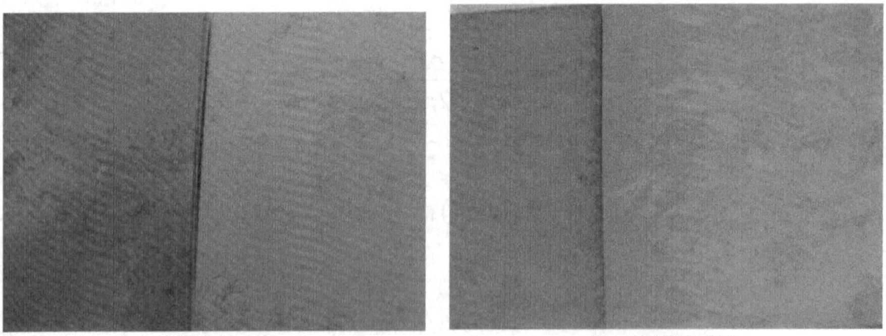

(a)扩散面对比　　　　(b)非扩散面对比

图 3.11　正常扩散和未扩散硅片的外观对比

方阻测量作业指导如下：

(1) 方块电阻测试量测仪器：四探针测试仪。

(2) 量测片数：3 片/批次。

(3) 量测方法：程序运行完毕待冷却后，从炉口、炉中、炉尾依次取下 3 片单片，切勿将顺序弄混。

(4) 片子冷却之后手动卸片按照如图 3.12 所示位置取 3 片测试方块电阻。

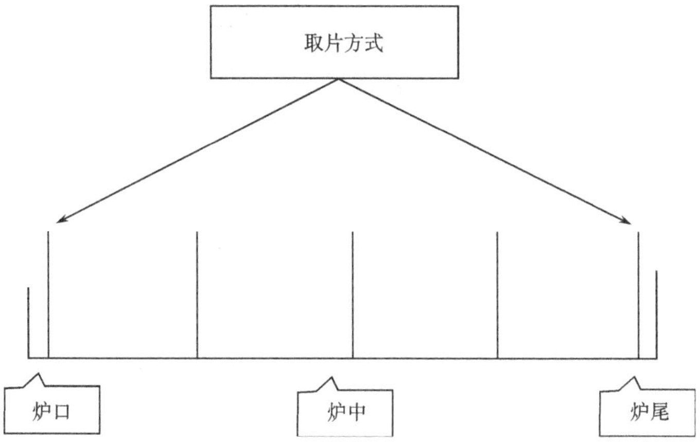

图 3.12　手动卸片取测试片方式

(5) 片子冷却之后自动卸片按照如图 3.13 所示位置从对应温区的花篮内取一片，一批共 3 片测试方块电阻。

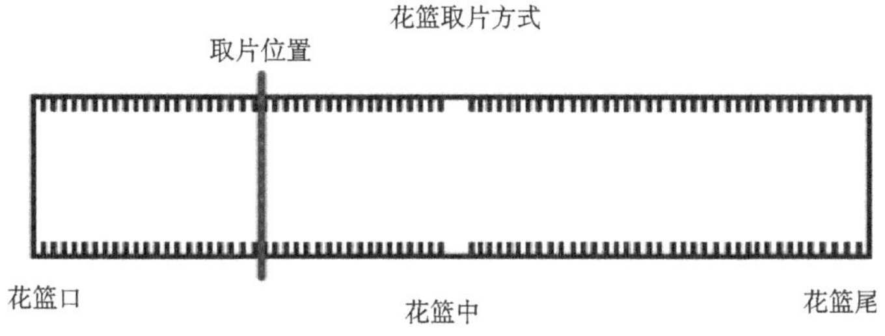

图 3.13　自动卸片取测试片方式

(6) 如图 3.14 所示将硅片放置在四探针测试仪测试台上，每片硅片检测四角及中心，共 5 个位置的方阻。

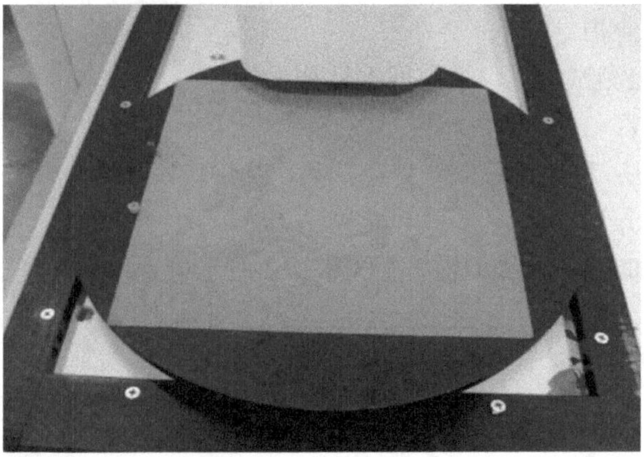

图 3.14　方阻测试示意图

(7)将测量数据填入 SPC，并计算方阻均匀性。

在方阻测量过程中，注意以下两点。

(1)禁止不带手套接触硅片。

(2)禁止不放置测试硅片进行空测，避免损坏测试探头。

如果所得方阻测量值不在规定范围中，则分以下几种情况处理。

(1)稍微超出规定范围：重新扩散。

(2)严重超出规定范围：重新制绒。

(3)方阻偏低或色斑、偏磷酸等由硅片表面问题引起的玷污：去 PSG 后重新制绒。

出现方阻异常后，几种常见的工艺调整方法如下。

(1)扩散不足：增大 N_2 的携带流量。

(2)方阻偏高：加大源量，延长扩散时间，通入足量的 N_2 和 O_2。

(3)方阻偏低：降低扩散温度，缩短扩散时间。

(4)方阻不均匀：调整扩散气流量。

3.3　刻蚀、去 PSG 工序质量控制

3.3.1　刻蚀质量要求

刻蚀最主要的目的是去除硅片周边的 pn 结，减少电池片正负极之间的漏电流。经过刻蚀的硅片，扩散面和非扩散面之间基本绝缘，硅片四周边缘的导电类型和衬底一致。另外，刻蚀的均匀性是衡量刻蚀工艺在一片、一批或多批硅片之间稳定性的重要参数。因此，监控刻蚀工序的质量需要测定硅片边缘的导电类型，

同时对腐蚀量进行测量。

3.3.2　导电类型测试仪原理

导电类型测试仪可以直接读取所测半导体材料的导电类型，为后续生产提供依据，其测试方法主要有三种：①冷热探针法；②单探针点接触整流法；③三探针法。这里简要介绍适用于低电阻率材料的冷热探针法和适用于高电阻率材料的单探针点接触整流法。

1)冷热探针法

冷热探针法利用半导体材料的温差电效应来测量导电类型，有测量温差电流方向和测量电势极性两种方法，其原理图见图 3.15。一根探针保持室温，另一根探针用电阻丝加热，使冷热探针之间的温差保持在 30～40℃。当探针和待测半导体样品接触时，两个接触区域之间产生温差，将这两个区域分别称为冷端和热端。由于载流子的热运动速度与温度相关，温度越高，载流子热运动速度越快。以 n 型材料为例，热端的电子热运动速度大于冷端的电子热运动速度，导致热端向冷端扩散的电子数多于冷端向热端扩散的电子数；热端电子浓度低于平衡时浓度，冷端电子浓度高于平衡时浓度；冷热两端出现电荷累积，热端电势高于冷端电势。结合检流计测量温差电流方向或极性检测仪测量温差电动势，根据表 3.1 即可判断半导体材料导电类型。由于温差电动势随着掺杂浓度的增加而减小，该方法适用于电阻率较低的样品。

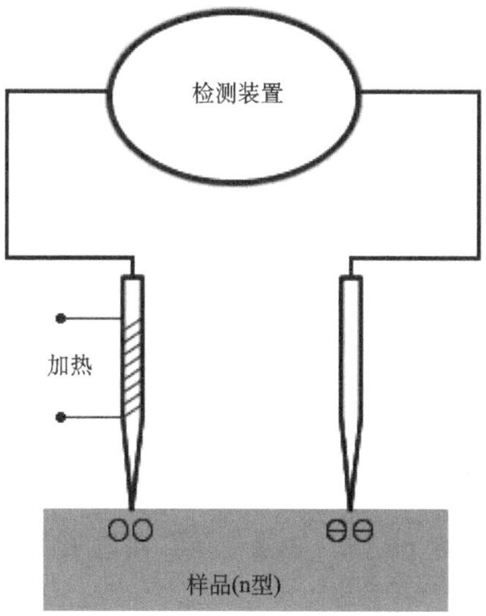

图 3.15　冷热探针法原理图

表 3.1 半导体温差电动势、温差电流方向

导电类型	p 型	n 型
温差电动势(极性检测仪)	热端<冷端	热端>冷端
温差电流(检流计)	冷端→热端	热端→冷端

2)单探针点接触整流法

半导体和金属接触时，半导体能带发生弯曲，形成多数载流子的势垒，呈现整流特性。但是如果该势垒比较窄，在隧穿效应的影响下，载流子可从势垒底部直接穿过，破坏整流性，出现欧姆接触特性。图 3.16 给出了一种常见的单探针点接触整流法测量导电类型示意图。以 p 型材料为例，在不加外电压(u=0)时，半导体和探针之间由于金属-半导体接触已经存在一个阻挡空穴的势垒；$u<0$ 时，势垒增高，接触界面处无电流(忽略反向漏电流)，检流计不偏转；$u>0$ 时，势垒降低，空穴从半导体流向探针，检流计向左偏转。

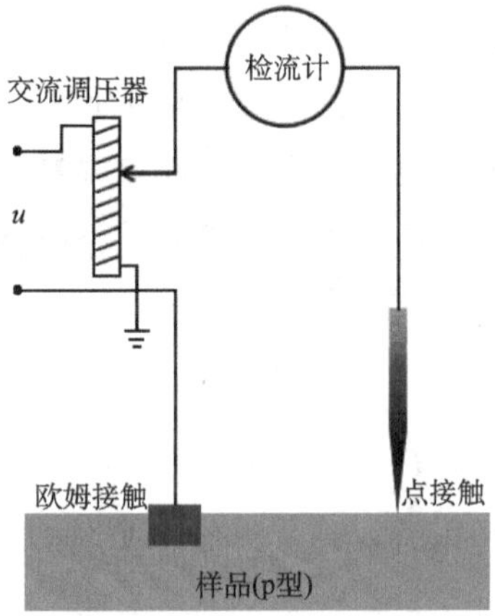

图 3.16 单探针点接触整流法示意图

根据检流计偏转的方向，即可判断半导体类型。但是该方法不适用于低电阻率的材料，因为金属与低电阻率的材料之间容易出现隧穿效应破坏整流特性。

3.3.3 产线刻蚀质量监控

对于每一批硅片，边缘 pn 型、边缘电阻和腐蚀量都要检测。

1. 边缘 pn 型检测

(1)检测仪器：pn 类型测试仪(图 3.17)。

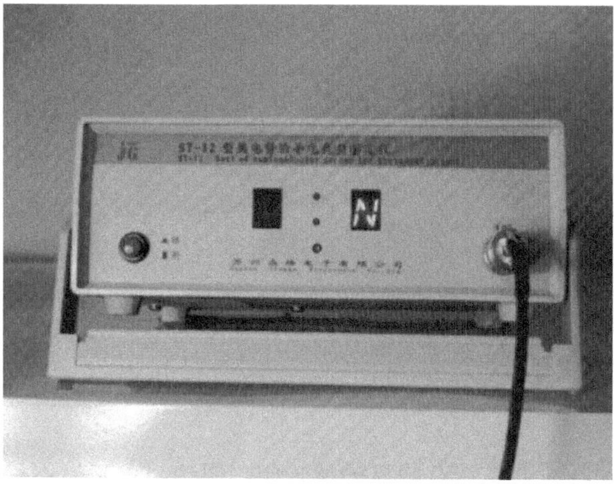

图 3.17　pn 类型测试仪

(2) 检测片数：2 片/0.5h。

(3) 要求：硅片边缘导电类型与衬底一致。

2. 边缘电阻检测

(1) 量测仪器：万用表。

(2) 量测片数：2 片/0.5h。

(3) 要求：上下表面之间阻值＞1kΩ。

3. 刻蚀宽度检测

(1) 目测，若不确定是否过刻，请工艺人员进行评审(图 3.18 为标准刻蚀线宽度)。

图 3.18　标准刻蚀线宽度

(2) 要求：刻蚀宽度＜1.5mm。

(3) 量测片数：整批硅片。

4. 减薄量检测

(1) 量测机台：电子天平。

(2) 量测片数：4 片/0.5h。

(3) 要求：减薄量在规定范围内；前后质量测量必须选用同一台天平进行。(电子天平操作同 3.1.3 节中制绒腐蚀量测量。)

5. 脏片检查

(1) 目检每一片表面是否有明显的滚轮印、黑边、水痕等不良情况。

(2) 要求：硅片表面没有明显的脏污痕迹。

典型的表面脏污有以下五种。

①硅片边缘轻微小水珠(图 3.19)。

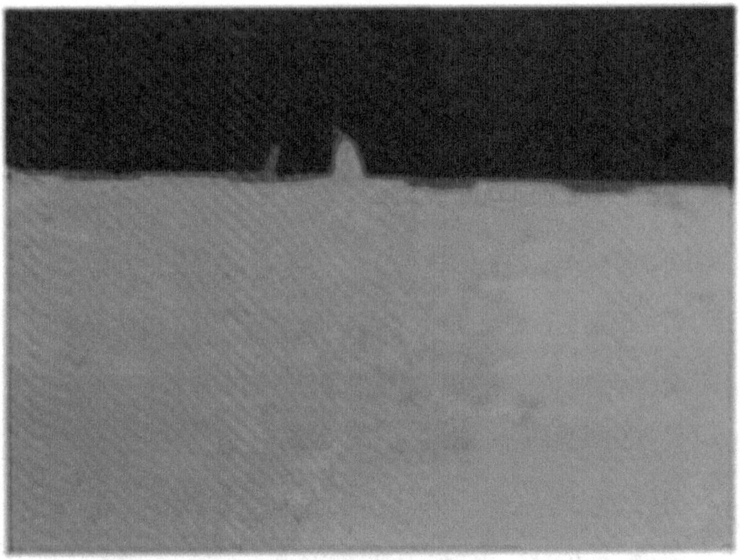

图 3.19　硅片边缘轻微小水珠

②大面积水残留(图 3.20)。

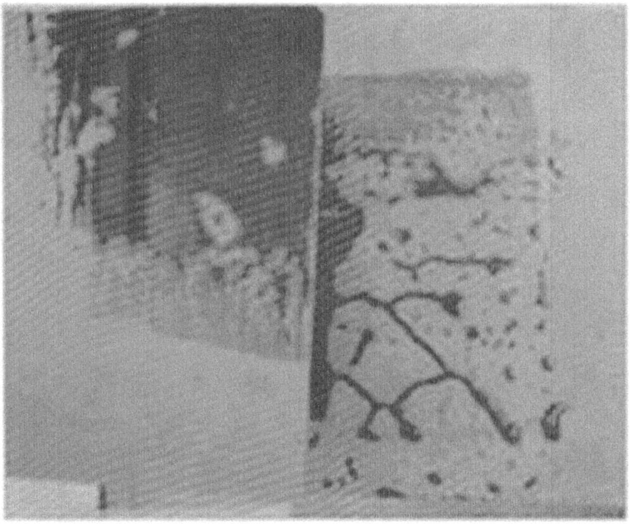

图 3.20　大面积水残留

③滚轮印(图 3.21)。

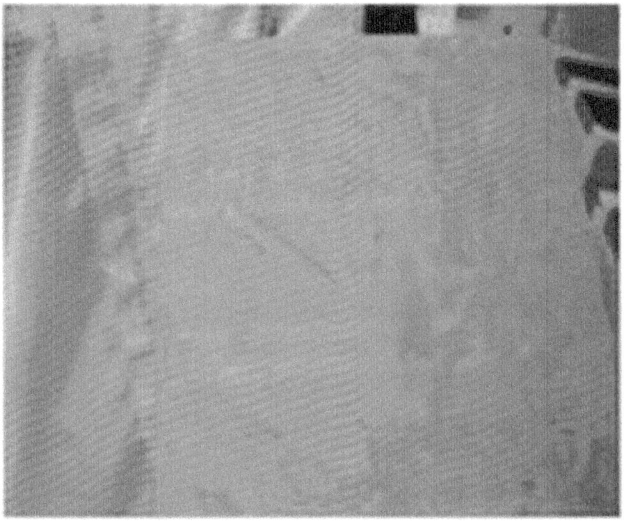

图 3.21　滚轮印

④过刻黑边(刻蚀线≥3mm)(图 3.22)。

图 3.22 过刻黑边

⑤液滴(图 3.23)。

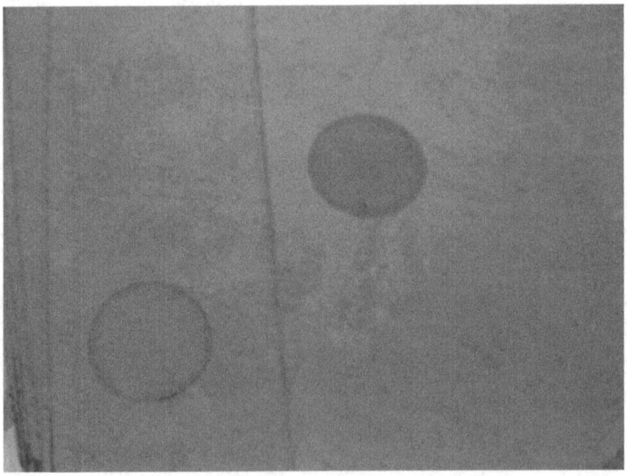

图 3.23 液滴

3.4　PECVD 工序质量控制

3.4.1　PECVD 质量要求

在理想条件下，要达到最佳的减反射效果，膜厚应为入射光波长的 1/4，此时反射光相消干涉，反射率最小，接近为零。实际生产中，太阳能电池工作在自然光环境下，地球表面太阳光谱能量峰值在 500 nm 左右；以硅片为基底的太阳能电池片，其相对响应峰值的波长在 800～900 nm；氮化硅膜层的折射率不均匀。综合以上因素和封装材料(主要是玻璃面板和 EVA)对入射光的影响，经工艺试验验证，氮化硅减反射膜的厚度在 80nm 左右，能获得最佳折射率。此时的氮化硅膜呈深蓝色。

此外，要提高电池片的效率，减反射膜还要求具有较高的致密性、较好的均匀性和较强的附着性。

3.4.2　椭偏仪

膜厚和折射率是减反射膜质量的重要指标，主要用椭偏仪进行测量。椭偏仪，是一种利用反射光线偏振特性的设备，当偏振光入射到氮化硅薄膜上时，其偏振状态会根据膜厚及折射率的不同发生改变，设备接收反射光的信息后，通过计算机的数学运算，计算出氮化硅薄膜膜厚与折射率的具体数值。椭偏仪原理示意图和仪器外观如图 3.24 所示。

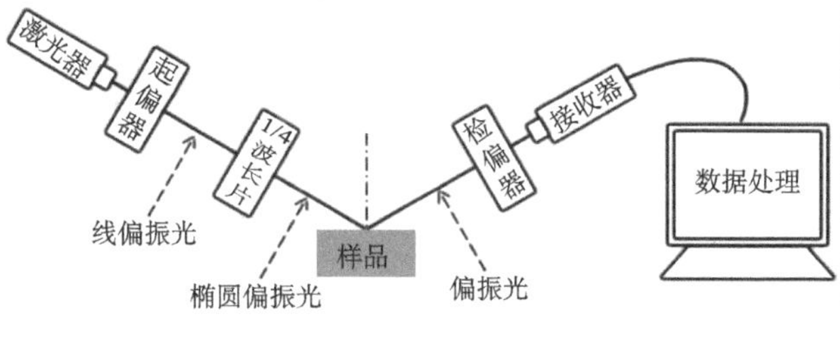

图 3.24　椭偏仪原理示意图和仪器外观

椭偏仪测量膜厚时，对待测薄膜没有破坏性且精度高，仅要求待测薄膜为透明或半透明，因此应用范围广泛。其测量原理是由激光器发出波长为 λ 的激光束，先经过起偏器成为线偏振光；然后经过 1/4 波长片，由于双折射现象，线偏振光分解成互相垂直的 P 波和 S 波，形成椭圆偏振光；椭圆偏振光入射到样品上，经过样品表面(多层介质)的多次反射和折射，总反射光依然是椭圆偏振光，但其形状和方位发生改变(图 3.24)。旋转起偏器，存在某一特定方位角，使得总反射光为线偏振光；再转动检偏器，在特定角度会出现消光现象。根据起偏器和检偏器的特定角度，经计算可得膜厚和折射率。

3.4.3 PECVD 产线质量监控

1. 外观检查

每一片经过 PECVD 镀膜的电池片都要经过目检，确定外观是否异常。最常见的外观异常有片内色差、片间色差及水印等。片内色差是指同一片电池片表面颜色不一致，主要由硅片厚薄不匀、绒面颗粒大小不均匀、镀膜期间硅片受热弯曲等因素造成。片间色差指同一批次硅片镀膜后，相邻硅片间颜色依次有变化，主要由新舟镀舟不完全、气流参数设置不合理等因素造成。水印是指 PECVD 前硅片表面没有完全干燥或有药液残留，镀膜后残留液体位置的颜色和其他地方不一致。常见的 PECVD 外观异常如图 3.25 所示。

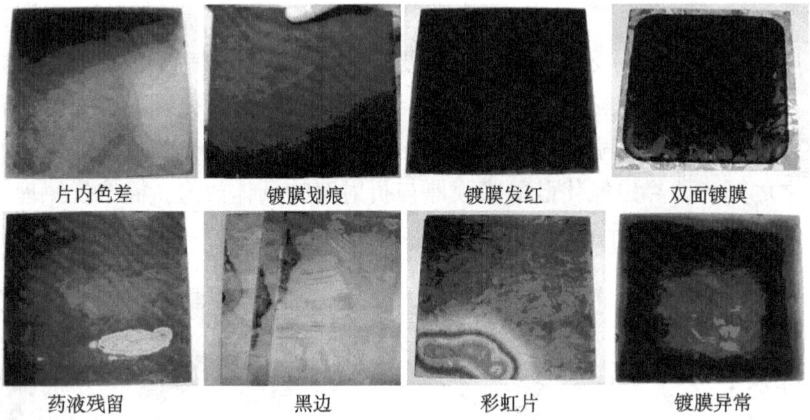

图 3.25　常见 PECVD 镀膜外观异常

2. 膜厚、折射率检测

所有外观正常的电池片，还需要抽检膜厚和折射率。

(1) 测量仪器：椭偏仪。

(2) 测量片数：3 片/舟，测试片取片位置、放片方法示意图如图 3.26 所示。

(3) 测量方法：每舟取 3 片放置在小花篮中，单片测量中间点膜厚及折射率。

(4) 测得数据如果在正常范围内，则将测量片放回小花篮。

(5) 如果出现异常，则整舟片子检测膜厚及折射率，异常片按规定返工。

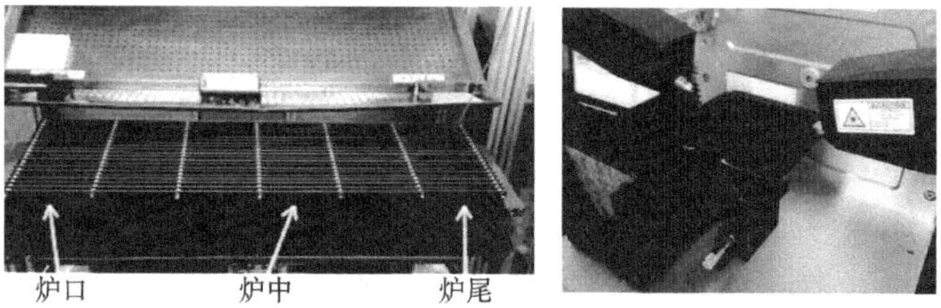

图 3.26　椭偏仪测试片取片位置、放片方法示意图

3.5　丝网印刷、烧结工序质量控制

3.5.1　电极印刷质量要求

在太阳能电池片上共有三类电极：在硅片背面形成 p^+层，减少少子复合，收集背部载流子，输送到背电极的背电场；与背电场形成良好欧姆接触、与焊带形成良好接触的背电极；收集正面载流子、输出光生电流的正电极。

背电场铝浆的厚度控制是保证背电场质量的重要因素。铝浆太薄，在烧结过程中铝浆会与硅形成熔融区域而被消耗；铝浆太厚，烧结过程不能使其充分干燥，铝浆层无法转变为金属铝，同时造成浆料的浪费。影响铝浆厚度的因素主要有丝网密度、网线直径、乳胶层厚度、印刷头压力、印刷速度以及浆料的黏性。背电极在保证接触良好的前提下，应尽可能窄和薄，以节省浆料。正电极为了减少遮光和降低接触电阻，要求电极尽可能窄的同时保证一定的横截面积。正电极质量的主要影响因素有浆料质量、栅线高宽比以及印刷时无断栅、无虚印、无毛边等。

3.5.2　电极烧结质量要求

烧结过程中，浆料和硅片经过高温共烧，形成欧姆接触，降低接触电阻，从而更好地收集光生电流。同时，烧结有利于 PECVD 工序中引入的–H 向硅片体内扩散，起到良好的体钝化作用。

烧结后的电池片要求减反射膜面颜色均匀、无污染；背电场无铝珠铝刺；电池片弯曲不超过限定范围；烧结温度合适，不存在温度过低导致的烧结不足(串联电阻过大)或温度过高导致的烧穿(并联电阻过小)。

3.5.3　丝网印刷产线质量监控

丝网印刷的质量主要靠监测单片浆料消耗和目检电极外观来控制。

1. 单片浆料消耗检测

(1) 测量仪器：电子天平。

(2) 测量片数：1 片/(时 · 道)（随机抽取）。

(3) 测量方法：使用精密天平称量印刷硅片在各道印刷后的增重。出现印刷增重超出规定的情况，需再次称量同台面增重。若在规定范围方可继续生产，生产在工艺参数范围内自行调试；在工艺参数范围无法调控时通知工艺人员调试，湿重在规定范围内方可重新开始生产。

(4) 注意事项：称量前需确定电子天平的水平和归零，取片称重时需戴手套；称量时硅片不可接触电子天平的四壁。

2. 电极外观目检

每次印刷和烧结后，电极外观都要经过目检，常见的外观异常见图 3.27 和图 3.28。

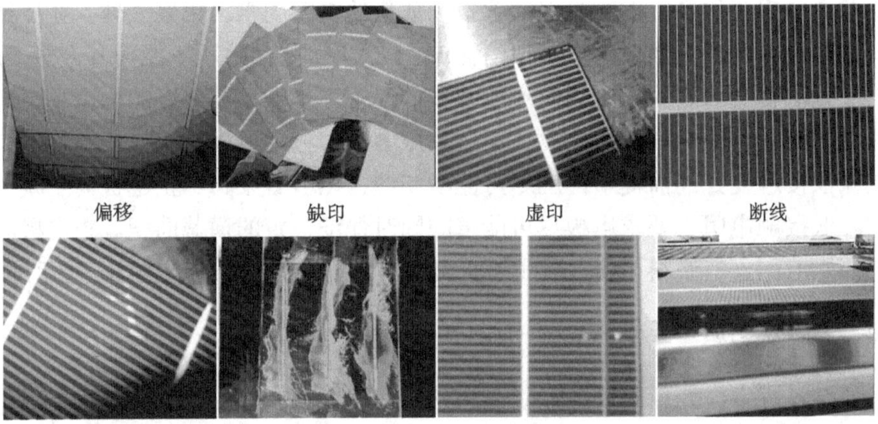

偏移　缺印　虚印　断线

加粗　粘网　正面漏浆　边缘漏浆

图 3.27　印刷后外观异常

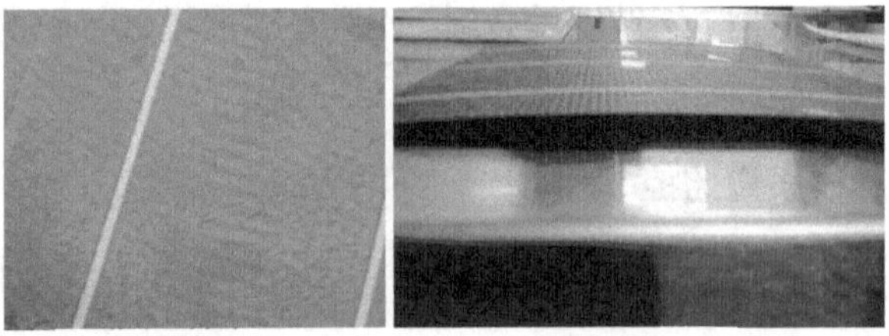

背场鼓包　背场翘曲

图 3.28　烧结后外观异常

(1) 偏移：由于网版位置和电池片位置之间的不匹配造成。

丝网印刷开线第一片或每次更换网版后都需要观察是否存在偏移现象。一号机判断偏移的方法为印刷完成后继续印刷背电场，观察背电极与背电场接触区域完好，无露硅现象发生。二号机判断偏移的方法为背电场边框与硅片边缘的距离相等。三号机判断偏移的方法为正电极边框与硅片边缘的距离相等。

(2) 缺印：浆料不足，应及时补充浆料。

(3) 虚印：主要原因有印刷压力不足、版间距太大、刮刀条不平整等，虚印会导致烧结后电极与电池片接触不良，不能很好地收集光生电流。

(4) 断线(漏印)：主要由网版堵塞或电池片上粘有杂物造成，应及时擦拭网版或更换网版，并保持电池片洁净。

(5) 加粗：主要由网版异常、浆料过稀造成，应更换网版、缩短浆料搅拌时间。

(6) 粘网：印刷后网版抬起不及时，导致浆料粘到电池片上。

(7) 漏浆(正面漏浆、边缘漏浆)：网版破裂、老化，刮刀压力过大等会使浆料过量，漏到电池片或台面上。

(8) 背场鼓包：主要来自于浆料和烘干烧结过程。浆料太薄以及使用前搅拌不充分都会导致背场鼓包。另外，烧结温度过高、烘干不充分、烧结排风不理想、烧结炉冷却效果不好也会导致背场鼓包。

(9) 背场翘曲：主要原因是铝浆湿重过大、烧结温度过高、烧结冷却效果不好。

3.6　测 试 分 选

太阳电池片串联使用时，总输出电流受限于单片电流的最小值，总输出电压为各单片电压之和。一旦串联回路中存在单片电流较小的电池片，整个串联回路中其他电池片的单片电流也会降低，回路的总输出功率将小于单片输出功率之和。因此，太阳能电池片产线的终端，有必要对电池片成品进行性能测试，按照单片电池的输出效率或者电流进行分档，该测试一般称为效率分选或电流分选。

对于每一片流下产线的电池片，都要进行测试分选。测试分选的方法有很多，最常用的方法为：①效率分档，以 0.1%或 0.2%间隔分档；②电流分档，以最大输出点电流 I_{mpp} 或者操作点电流 I_{ap} 分档；③效率结合电流分档。按效率分档是目前大部分光伏企业采用的测试分选方法，但实验表明，电池片经效率结合电流分档后，能进一步减少组件封装带来的性能损失，提高组件输出效率的一致性。

测试分选的原理是模拟太阳电池片工作状态，在确定温度下，接收一定辐照度的光照(模拟太阳光)，同时改变外电路负载，获得电池片的 I-V 输出特性曲线；根据该曲线，经计算可得电池片各电性能参数；选择某一性能参数进行分档，由机械臂将电池片放入对应储片盒(图 3.29)。

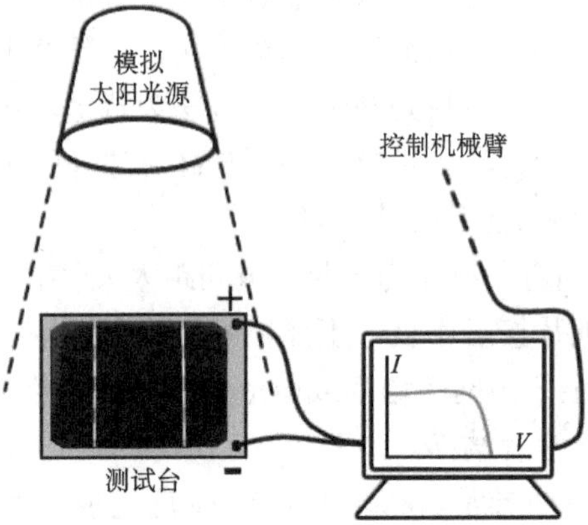

图 3.29　测试分选原理示意图

3.7　太阳能电池组件在线检测

为了获得较高的输出电压和较大的输出电流，单体电池片往往要通过串并联形成电池串，并将电池片进行封装以保护电池片避免破碎和腐蚀。在由电池片封装成组件的生产工序中，在线检测主要包括层压前目检、层压前 EL、层压后目检、层压后 EL、绝缘耐压测试、组件电性能测试、总装检测和包装 EL。其中，组件的电性能测试将在后续章节中详细介绍。

3.7.1　层压前目检

层压前目检分为三大块：焊接目检、叠层目检和外观检查。

焊接目检主要检测以下五个方面。

(1) 焊接后无毛刺、虚焊、脱焊、锡珠、黄斑、高点、锡外流、短路隐患和划伤等。

(2) 焊接汇流条和互连条光滑平整，无露铜或颜色异常等不良情况。

(3) 电池片负极面焊接涂锡带偏离主栅线露白<0.5mm，正极面焊接偏移主栅线不得超过主栅线宽度的 1/3(蓝色面负极，灰色面正极)。

(4) 焊接起点距电池片边缘 3～5mm。

(5) 电池片片间距(2±0.5)mm，每串长度为设计标准长度±0.5mm。

图 3.30～图 3.32 分别为助焊剂残留、焊带发绿和虚焊情况。

图 3.30　助焊剂残留

图 3.31　焊带发绿

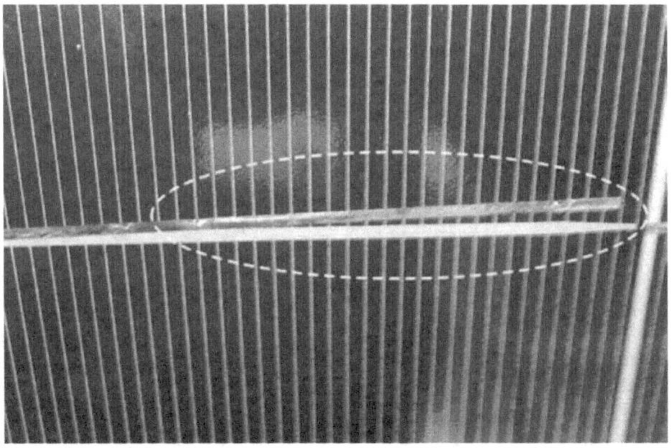

图 3.32　虚焊

叠层目检主要检测以下四个方面。

(1) 电池片横排/纵排错位≤1mm。

(2) 电池片片间距(2±0.5) mm，串间距(2±0.5) mm。

(3) 电池片到玻璃边缘距离为设计标准±1mm。

(4) 玻璃、EVA、背板铺盖面正确，层叠次序正确，背板开口尺寸符合设计要求。

图 3.33 为电池片定位。

图 3.33　电池片定位

外观检查主要检测以下四个方面。

(1) 1m 外目检组件电池片无明显色差/色斑，电池片无裂纹、碎片(图 3.34)，缺口长≤4mm、深≤1.5mm、同一组件最多允许 4 处，不可有 V 形和锯齿形缺口，电池片排列不得有整体移位。

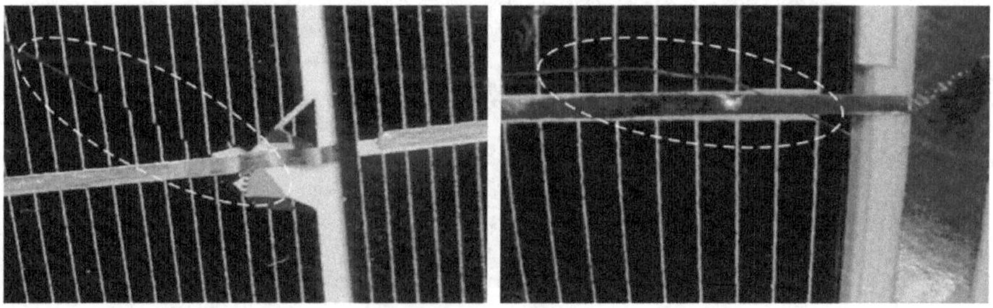

图 3.34　裂片

(2) 组件玻璃内无杂物(图 3.35)。

(3) 背板无划伤、褶皱等(图 3.36)。

(4)条形码正确贴放。

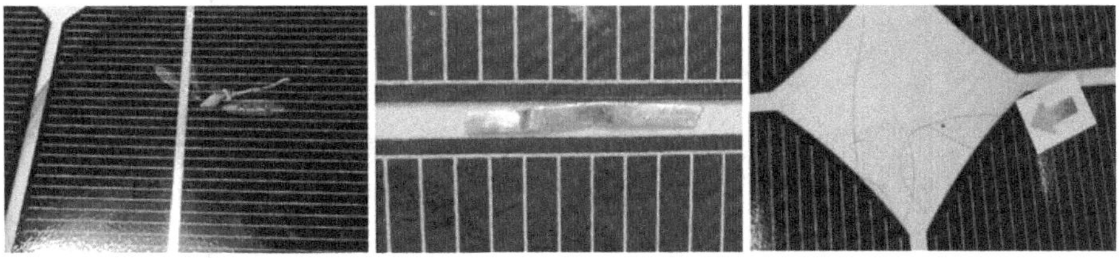

(a)昆虫　　(b)焊带头　　(c)毛发

图 3.35　玻璃内杂物

图 3.36　背板划伤

3.7.2　层压后目检

层压后目检主要检测层压效果，要求无气泡，各层间无剥离。典型气泡和 EVA 剥离情况分别见图 3.37 和图 3.38。

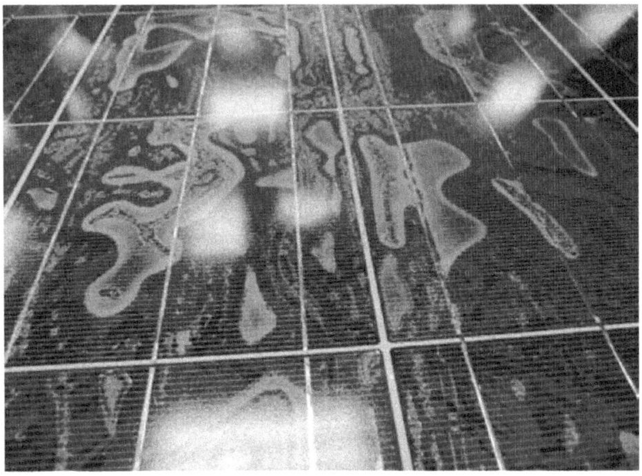

图 3.37　气泡

图 3.38　EVA 剥离

3.7.3　电致发光测试

晶体硅太阳电池的生产工艺复杂，流程繁多，在生产过程中，容易受到损伤，产生虚焊、隐裂、断栅等问题，这些问题对电池的转换效率和使用寿命有着严重的影响，甚至会危害光伏发电系统的稳定性。电致发光检测由于其精度高、成本低，且能快速识别电池缺陷而广泛应用于组件封装环节中。

1. 电致发光原理

太阳能电池电致发光测试，简称 EL(Electroluminescence)测试，其原理是使晶体硅太阳能电池处在正向偏置，模拟电池工作状态时产生的等效直流电流，给单片电池通入 1～40mA 的正向电流；注入电能将基态原子激发，使其处于激发态；激发态原子不稳定，自发辐射出光子，回到基态。利用 CCD(Charge-Coupled Device，电荷耦合元件)探测辐射出的光子，根据电致发光亮度正比于少子扩散长度、正比于电流密度等，来判断硅片中是否存在缺陷。本征硅的带隙约为 1.12eV，其直接辐射复合的 EL 光谱峰值在 1150nm 附近，属红外波段。

典型的电致发光测试仪包含以下部分：直流稳压电源、CCD 探头、图像处理设备和载物台(图 3.39)。其中，直流稳压电源连接待测组件正负极，提供激励电流；CCD 探头收集组件辐射的光信号；图像处理设备处理 CCD 收集到的光信号，转变成图像显示在屏幕上；载物台用以放置待测组件。

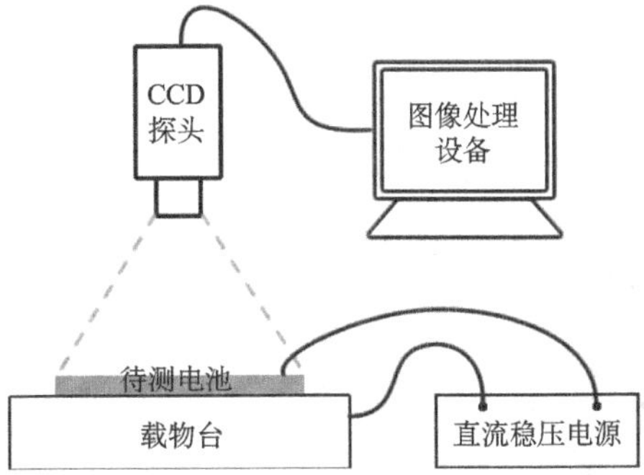

图 3.39　EL 测试示意图

在组件生产中，一般要进行 2～3 次 EL 测试，分别是层压前 EL 测试、层压后 EL 测试和包装 EL 测试(终测)。层压前 EL 测试主要为了排除电池片自身缺陷和焊接缺陷，避免问题组件流入层压工序。层压后 EL 测试在层压后进行，主要为了排除层压过程中高温、高压造成的组件缺陷，避免问题组件流入总装工序。包装 EL 测试(终测)在总装完成但还没有包装时进行，是产品入库前最后一次检测，确保入库产品没问题。有时为节约生产成本，包装 EL 测试(终测)可不做。

2. 典型缺陷 EL 图像

晶体硅组件缺陷主要包括隐裂、破片、黑心片、黑团片、黑斑片、履带片、断线、穿孔、边缘过刻、主栅线漏电、副栅线漏电、烧结缺陷、短路黑片、网格片、过焊片、明暗片、局部断路片、位错、层错、虚焊或者过焊等。下面简要介绍几种典型缺陷。

1) 隐裂(裂纹、破片)

电池片在生产过程中，受到外力冲击或者快速升温膨胀导致隐裂。EL 图像中，单晶硅片隐裂呈 X 状，多晶硅片的隐裂容易和晶界混淆；裂纹产生明显的明暗差异的纹路(图 3.40)。

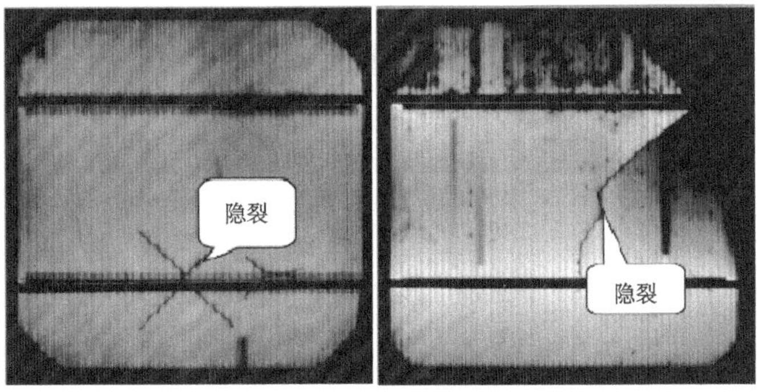

图 3.40　隐裂典型 EL 图像

2）黑心片（黑团、黑斑）

直拉硅棒生产中，过大的热应力导致硅片内部位错缺陷。在 EL 图像中，电池片中心到边缘为逐渐变亮的同心圆或者电池片中心存在黑色区域（图 3.41）。

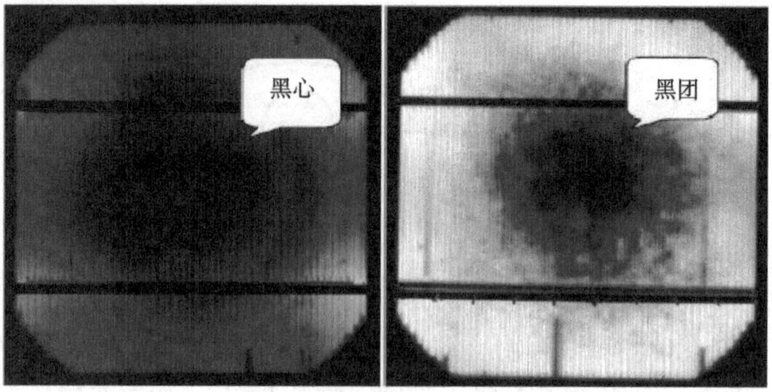

图 3.41　黑心片典型 EL 图像

3）短路黑片

生产过程中焊接不当造成短路、电池串中存在低效片等，会造成电池片在 EL 图像中呈全黑状态（图 3.42）。

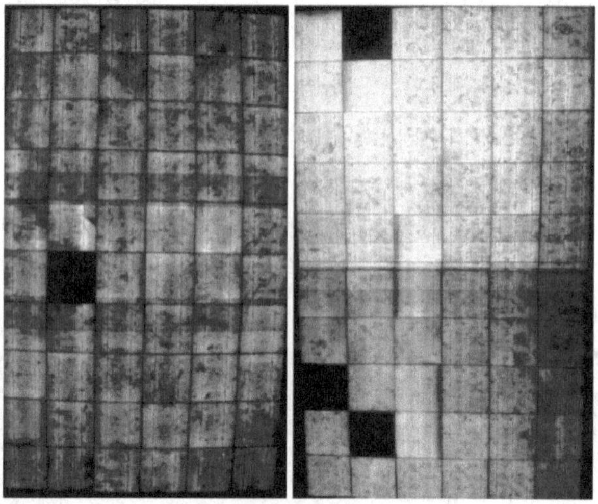

图 3.42　短路黑片典型 EL 图像

4）断栅

电池片电极印刷不良、焊接不规范等会造成断栅，在 EL 图像中，断栅处发光强度较弱或者不发光（图 3.43）。

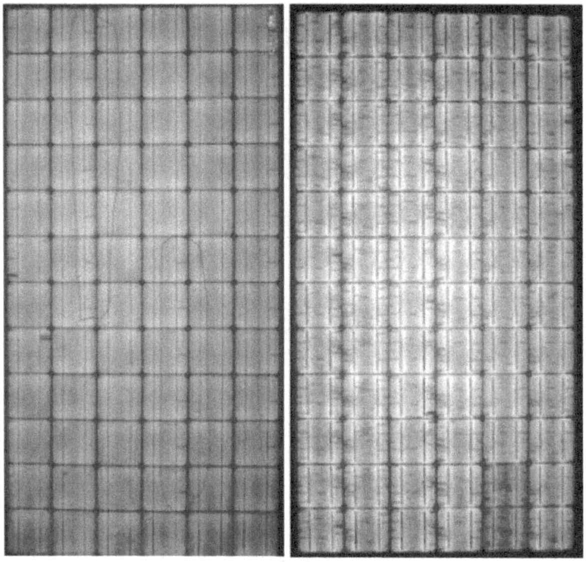

图 3.43　断栅典型 EL 图像

3.7.4　绝缘耐压测试

该测试的目的在于验证组件载流部件和边框/外界之间是否良好绝缘，保证在安装和使用过程中工作人员的安全；采用有限流装置的直流电压源，在室温和相对湿度不超过 75%的条件下进行测试，测试流程如下。

(1) 将组件引出线短路后接到直流绝缘测试仪的正极[图 3.44(a)]。

(2) 将组件暴露的金属部分接到直流绝缘测试仪的负极[图 3.44(b)]。

(3) 以不大于 500V/s 的速度增加绝缘测试仪的电压，直到 1000V 加上两倍的最大系统电压，维持此电压 1min；如果系统的最大电压不超过 50V，应以不大于 500V/s 的速度增加直流绝缘测试仪的电压，直到等于 500V，维持此电压 1min。

(4) 在不拆卸组件连接线的情况下，降低电压到零，将绝缘测试仪的正负极短路来放电。

(5) 拆去绝缘测试仪正负极的短路。

(6) 以不大于 500V/s 的速度增加绝缘测试仪的电压，直到等于 500V 或者组件最大系统电压中较大者，维持此电压 2min，测量绝缘电阻。

(7) 同(5)和(6)并切断测试设备与组件的连接。

(a)组件输出端短路后连接到测试仪正极

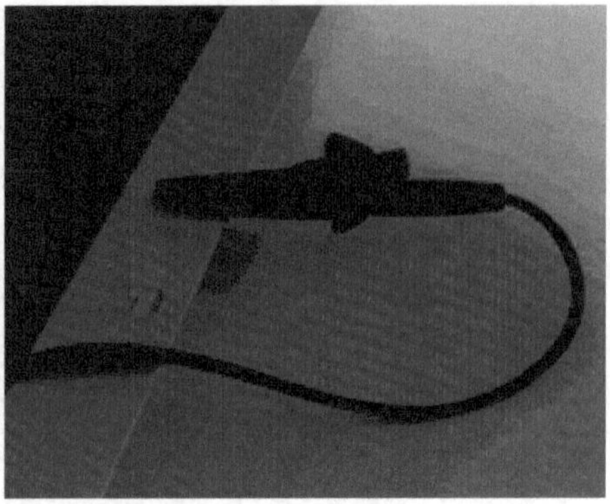

(b)组件金属边框连接到测试仪负极

图 3.44　耐压绝缘测试的连接方法

测试结束后，检查组件。对于合格的组件要求：①无绝缘击穿(小于 50μA)，或表面无破裂现象；②组件面积小于 $0.1m^2$ 的，绝缘阻抗不小于 400MΩ；③组件面积大于 $0.1m^2$ 的，绝缘阻抗和面积的乘积不小于 $40M\Omega \cdot m^2$。

3.7.5　总装检测

总装检测主要检查总装工序中边框和接线盒的安装质量，包括边框打胶量控制、背板补胶效果、接线盒打胶安装效果、边框尺寸控制。图 3.45～图 3.47 分别为边框补胶不足、接线盒打胶不良和边框尺寸控制情况。

图 3.45　边框补胶不足

图 3.46　接线盒打胶不良

图 3.47　边框尺寸控制

思 考 题

3-1　椭偏仪测量膜厚时，为什么不采用多点测量的方法来检测膜厚均匀度？

3-2　光伏组件生产过程中有多次 EL 测试，简述 EL 测试的原理和每次 EL 测试的目的。

3-3　分析扩散工序出现方阻异常后，应该采取何种工艺调整方法及其原因。

3-4　简述磷硅玻璃带来的危害以及去除的方法。

3-5　说明如何检测组件焊接质量。

第 4 章　光伏测量基础

4.1　太　　阳

太阳直径为1.39×10^6km，其结构如图 4.1 所示，从中心到边缘可分为核反应区、辐射区、对流区和太阳大气，太阳大气大致可以分为光球、色球、日冕等层次，各层次的物理性质有明显区别。太阳大气的最底层称为光球，太阳的光能几乎全从这个层次发出。严格说来，上述太阳大气分层仅有形式的意义，实际上各层之间并不存在着明显的界限，它们的温度、密度随着高度是连续改变的。

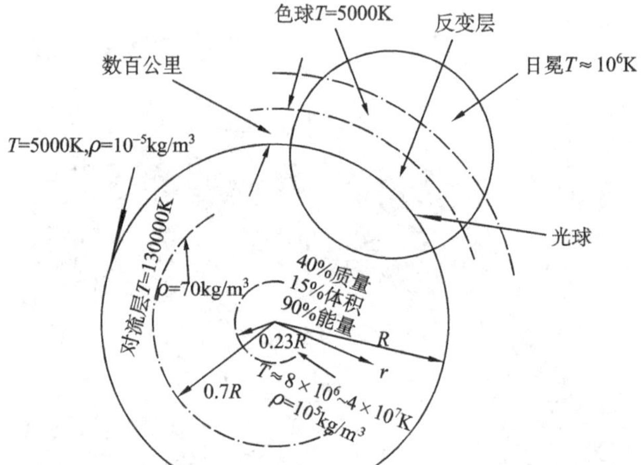

图 4.1　太阳结构

太阳是一个主要由氢和氦组成的炽热气体火球，其内部时刻在进行将氢转换成氦的核聚变反应。大部分反应发生在半径$r<0.23R$的核心部分，反应过程中，太阳每秒钟要损失4.0×10^6 t 质量，根据爱因斯坦的著名公式$E=mc^2$，质量转换成了能量，可产生3.6×10^{23} kW 功率。这些能量通过对流和辐射方式向外传递，最终传递到太阳表面，然后以电磁波形式向空间四面八方传播。物体以电磁波的形式向外发射能量的过程称为辐射。

可见，太阳并不是某一固定温度的辐射体，而是多层发射和吸收各种波长的综合辐射体。在太阳能利用工程中，可将太阳辐射看成温度为 5777K，波长为

0.3~3μm 的黑体辐射。

4.2　太阳辐照度

到达地球大气层外的太阳辐射并非定值，其变化主要受到两个因素的影响。一是太阳自身发出辐射的变化。由于太阳内部反应的不可控性，太阳辐射随着黑子活动会略有变化。但是在地面工程应用中，可将太阳发出的辐射视为稳定量。

另一影响因素为日地距离的变化。图 4.2 给出了太阳和地球的几何关系。地球沿着偏心率不大的椭圆形轨道绕日公转，公转周期为 1 年。1 月 1 日为近日点，日地距离为 1.471×10^8 km，7 月 1 日远日点时距离为 1.521×10^8 km，相差约为 3%。由于偏心率的影响，日地距离在 ±1.7% 范围内变化。通常将日地平均距离 (1.495×10^{11} m) 定义为天文单位 (AU)，当距离为 1AU 时，太阳所对的张角为 32′。

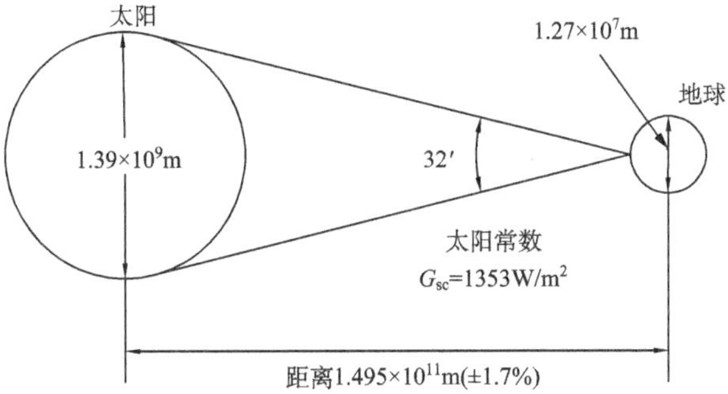

图 4.2　太阳与地球几何关系

描述太阳辐射强弱的名词是辐照度，指单位时间内照射到单位表面上的辐射能，用 G 表示，单位为 $\mathrm{W/m^2}$。由于太阳发射辐射的特点，离太阳一定距离处的辐照度基本保持不变。利用火箭、人造卫星等现代工具，在日地平均距离处，垂直于辐射传播方向上单位面积、单位时间内测得的地球大气层外太阳辐照度，称为太阳常数，以 G_{sc} 表示。1981 年世界气象组织 (WMO) 推荐了太阳常数的最佳值为 $(1367\pm7)\,\mathrm{W/m^2}$。

图 4.3 显示，地球大气层外太阳辐照度随一年中不同时间 (对应不同日地距离) 而改变，它可由公式 (4.1) 确定：

$$G_{on}=G_{sc}\left(1+0.033\cos\frac{360^\circ n}{365}\right) \tag{4.1}$$

式中，G_{on} 是一年中第 n 天在太阳辐射传递的法向平面上测得的大气层外太阳辐照度。

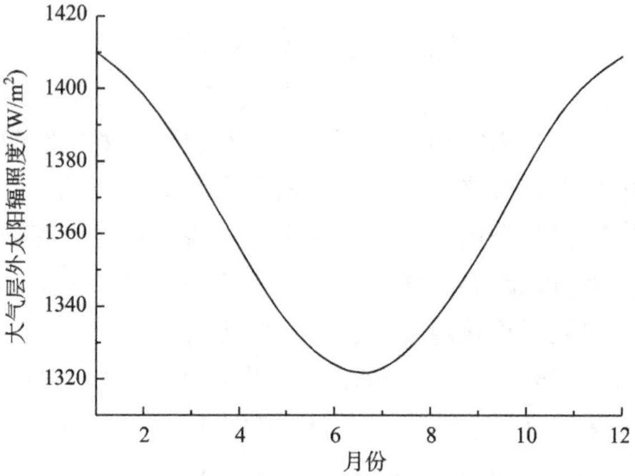

图 4.3　地球大气层外太阳辐照度

4.3　太 阳 光 谱

通常认为辐射有频率和波长这种标准的波的性质。对于特定介质中的传播，两者的关系是

$$c = \frac{c_0}{n} = \lambda \nu \tag{4.2}$$

式中，c 是介质中的光速；c_0 是真空中的光速，$c_0 = 2.998 \times 10^8$ m/s；n 为介质的折射率；λ 是波长，常用μm 作为单位；ν 是频率。

物体会因各种因素发射电磁辐射，电磁辐射种类很多，详见图 4.4，可见它们的划分范围并不很严格。高能物理学家和核工程师感兴趣的主要是短波长的γ射线、X 射线和紫外辐射，而电气工程师所关心的是长波长的微波和无线电波。0.1~100μm 的中间部分光谱，包括一部分紫外、全部可见光和红外辐射，称为热辐射，因为它是物体因自身的热状态或温度产生的，并能对它们产生影响。

由图 4.5 可知，在热辐射的整个波谱内，不同波长的辐射强弱是不同的。常用光谱这个术语来表示这种依赖性质，描述各种波长的光在总能量中的比例关系。

定义波长为 λ 的光谱辐照度为单位时间内照射到单位表面上的，在围绕波长 λ 的单位波长间隔内的辐射能，用 G_λ 表示，单位为 $\mathrm{W/(m^2 \cdot \mu m)}$，与辐照度关系为

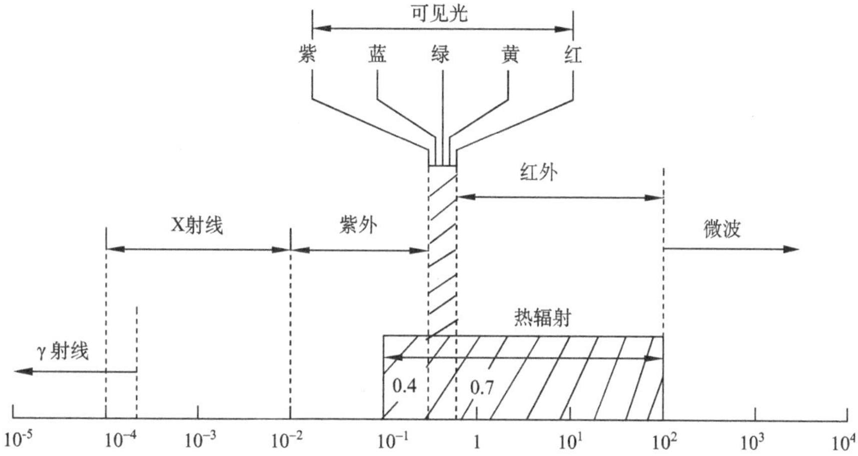

图 4.4　电磁辐射波谱(单位：μm)

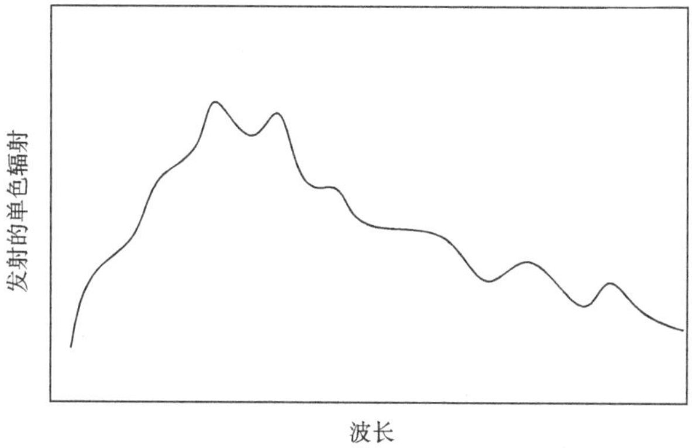

图 4.5　光谱分布

$$G_\lambda = \lim_{\delta\lambda \to 0} \frac{G}{\delta\lambda} \tag{4.3}$$

式中，$\delta\lambda$ 为围绕波长 λ 的小波长间隔，即波长范围为 $\left[\lambda - \frac{\delta\gamma}{2}, \lambda + \frac{\delta\gamma}{2}\right]$。

牛顿的棱镜片实验广为人知：在暗室向太阳的窗上开一个小孔，让一窄束太阳光通过小孔进入室内，在光束经过的路径上放一块棱镜片，小孔对面的墙上就会观察到一个由各种颜色的光斑组成的像，颜色的排列是红、橙、黄、绿、青、蓝、紫，偏离最大的一端是紫光，偏离最小的一端是红光。牛顿把这个颜色光斑称为光谱，认为白光是由各种不同颜色光组成的，玻璃对各种色光的折射本领不同，当白光通过棱镜时，各色光以不同角度折射，结果就被分开成颜色光谱。

事实上，太阳辐射不仅包括可见光，还包含人眼不可见部分，其波长包含

0.3~3μm 的波段范围，从紫外线到红外线，其中包括可见光。人眼在明视条件下最敏感波长为 555nm(黄绿光)，暗视条件下最敏感的波长约为 507nm(绿蓝光)，太阳看起来带些黄色，而不是波长更短的蓝色。图 4.6 给出日地平均距离处，太阳辐照度为 G_{sc} 的标准太阳辐射光谱，地球大气层外光谱峰值在 0.5μm 附近。相应的数据列于表 4.1 中。

表 4.1　大气层外的太阳辐照度（$G_{sc}=1367\,W/m^2$）

λ^{***}	$G^{*}_{sc,\lambda}$	$f^{**}_{0\sim\lambda}$	λ^{***}	$G^{*}_{sc,\lambda}$	$f^{**}_{0\sim\lambda}$	λ^{***}	$G^{*}_{sc,\lambda}$	$f^{**}_{0\sim\lambda}$
0.250	81.21	0.001	0.520	1849.7	0.243	0.880	955.0	0.622
0.275	265.0	0.004	0.530	1882.8	0.257	0.900	908.9	0.636
0.300	499.4	0.011	0.540	1877.8	0.271	0.920	847.5	0.648
0.325	760.2	0.023	0.550	1860.0	0.284	0.940	799.8	0.660
0.340	955.5	0.033	0.560	1847.5	0.298	0.960	771.1	0.672
0.350	955.6	0.040	0.570	1842.5	0.312	0.980	799.1	0.683
0.360	1053.1	0.047	0.580	1826.9	0.325	1.000	753.2	0.695
0.370	1116.2	0.056	0.590	1797.5	0.338	1.050	672.4	0.721
0.380	1051.6	0.064	0.600	1748.8	0.351	1.100	574.9	0.744
0.390	1077.5	0.071	0.620	1738.8	0.377	1.200	507.5	0.785
0.400	1422.8	0.080	0.640	1658.7	0.402	1.300	427.5	0.819
0.410	1710.0	0.092	0.660	1550.0	0.425	1.400	355.0	0.847
0.420	1687.2	0.105	0.680	1490.2	0.448	1.500	297.8	0.871
0.430	1667.5	0.116	0.700	1413.8	0.469	1.600	231.7	0.891
0.440	1825.0	0.129	0.720	1348.6	0.489	1.800	173.8	0.921
0.450	1992.8	0.143	0.740	1292.7	0.508	2.000	91.6	0.942
0.460	2022.8	0.158	0.760	1235.0	0.527	2.500	54.3	0.968
0.470	2015.0	0.173	0.780	1182.3	0.544	3.000	26.5	0.981
0.480	1975.6	0.188	0.800	1133.6	0.561	3.500	15.0	0.988
0.490	1940.6	0.202	0.820	1085.0	0.578	4.000	7.7	0.992
0.500	1932.2	0.216	0.840	1027.7	0.593	5.000	2.5	0.996
0.510	1869.1	0.230	0.860	980.0	0.608	8.000	1.0	0.999

*$G_{sc,\lambda}$ 是以 λ 为中心的小波段内的太阳平均辐照度 [$W/(m^2\cdot\mu m)$]；

** $f_{0\sim\lambda}$ 是 $0\sim\lambda$ 波长范围内的总辐照度占太阳常数的百分比(%)；

*** λ 是波长 (μm)

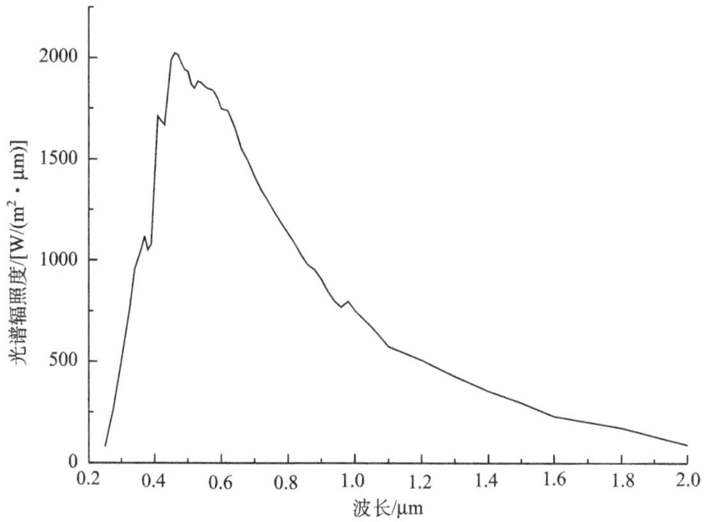

图 4.6　太阳辐射光谱

4.4　大气层的影响

在大气层外，太阳光在真空中沿直线传播，全部太阳辐射都直接从太阳照射过来。地面上情况有所不同。在地面上的任何地方都不可能排除大气对太阳辐射的影响。虽然大气层厚度仅为 30km，不及地球直径的1/400，却对到达地面上的太阳辐照度和光谱分布都有较大影响。

当太阳光进入大气层时，一部分被吸收，一部分被散射(即太阳辐射因空气分子、水蒸气和尘埃等改变传播方向)，还有部分未受到大气层分子影响，通过大气层，被地面吸收或反射。最终大约 30%的太阳辐射被反射或散射回太空，如图 4.7 所示。其中空气散射占 6%，云层反射占 20%，地球表面反射占 4%，另外 20%被大气层吸收，其中包括 16%被水蒸气、灰尘和臭氧吸收，其余 4%被云层吸收。吸收的太阳辐射导致大气温度升高。50%被地球表面吸收。大气和地球表面接收的辐射总量约占 70%。地球应与外界环境保持热平衡，因此，这 70%被大气和地球所吸收的太阳能又以热辐射形式返回太空。

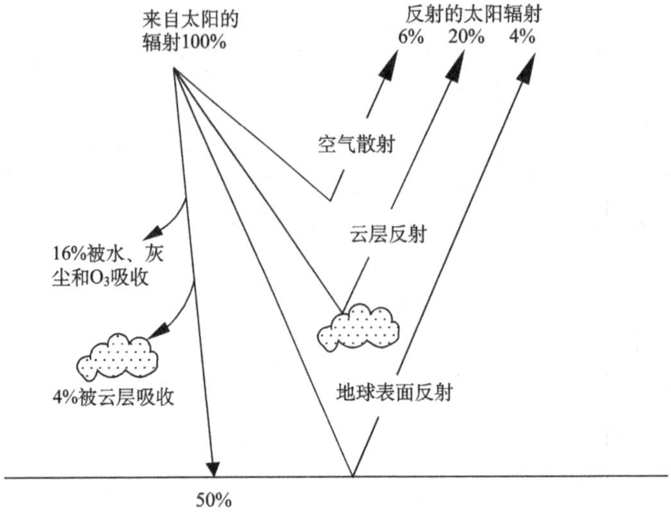

图 4.7　太阳辐射与大气层的相互作用

显然，太阳光被吸收或散射的数量取决于在大气层中通过的路径长度，路径越长，被大气层吸收、反射和散射的数量越多，到达地面的数量越少。为描述太阳光线经过的大气层路径长度，引入大气质量(Air Mass，AM)的概念。规定，在无云的大气条件下，当太阳处于天顶位置时，海平面上太阳光线垂直照射所通过的大气路径长度为一个大气质量；太阳在任意位置时的大气质量定义为太阳光线穿过大气层的路径与太阳在天顶位置时光线穿过大气层的路径之比。大气质量是一个无量纲的量。

图4.8为大气质量的示意图。A 为地球海平面上一点，当太阳在天顶位置 S 时，太阳辐射穿过大气层到达 A 点的路径为 OA，而太阳位于任一点 S' 时，太阳辐射穿过大气层的路径为 $O'A$，则大气质量为

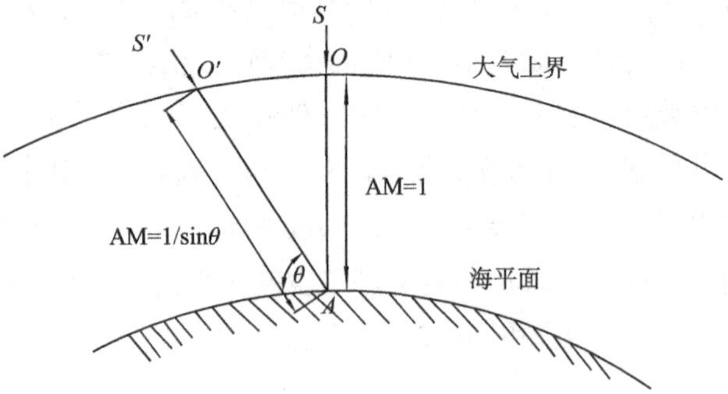

图 4.8　大气质量示意图

$$\mathrm{AM}=\frac{O'A}{OA}=\frac{1}{\sin\theta} \tag{4.4}$$

式中，θ 是直射阳光与水平面之间的夹角，称为太阳高度角。

对于海拔较高的地区，应对大气压力进行修正，即

$$\mathrm{AM}=\frac{P}{P_0}\frac{1}{\sin\theta} \tag{4.5}$$

式中，P 为当地的大气压力；P_0 为标准大气压力，$P_0=101.3\mathrm{kPa}$。

可见，地球大气层上界处的大气质量为 0，称为 AM0 条件，辐照度为太阳常数 $1367\,\mathrm{W/m^2}$，AM0 光谱主要用于评估空间应用光伏电池和组件性能。太阳在天顶时海平面处的大气质量为 1，称为 AM1 条件，AM1 的辐照度降低到约 $1000\,\mathrm{W/m^2}$。高海拔地区当太阳处于天顶位置时大气质量要小于 1。

随着太阳高度角的减小，通过大气层的路径变长，大气质量大于 1。太阳高度角为 30° 时，大气质量为 2。由于大气的吸收和散射作用，到达地面的太阳辐照度下降，光谱分布改变，如图 4.9 所示。紫外线部分主要被 O_3 吸收，红外线由 H_2O 及 CO_2 吸收。小于 0.29μm 的短波几乎全被大气上层的臭氧吸收，在 0.29~0.35μm 臭氧的吸收能力降低，但在 0.6μm 处还有一个弱吸收区。水蒸气在 1.0μm、1.4μm 和 1.8μm 处都有强吸收带。大于 2.3μm 的辐射大部分被 H_2O 及 CO_2 吸收，到达地面时不到大气层外总辐射的 5%。

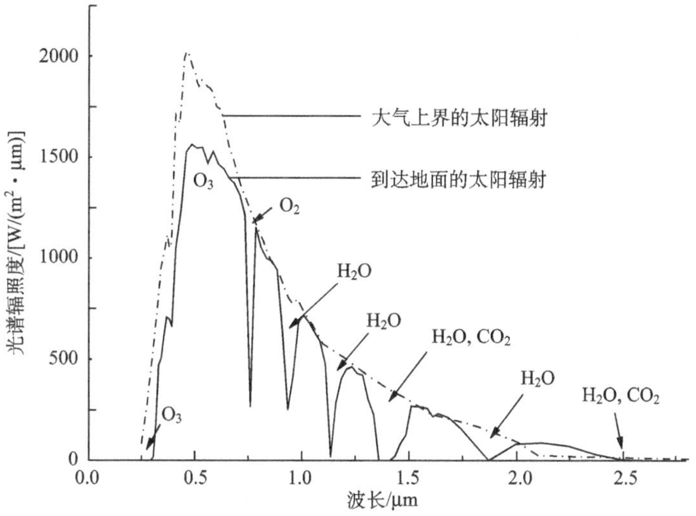

图 4.9　太阳辐射被大气吸收的分布情况

地面上 AM1 条件与人类生活地域的实际情况有较大差异，所以通常选择更接近人类生活现实的 AM1.5 条件作为评估地面用太阳电池及组件的标准。此时太阳高度角约为 41.8°，太阳辐照度约为 963W/m^2。

天气晴朗时，地面上比较常见的辐照度为 600～900 W/m^2，并且在同一地点，辐照比较均匀(空间差异小于 1%)，在短时间内的稳定性也比较好，仅随太阳高度角而缓慢地变化。当天空有浮云或严重的气流影响时才会产生不稳定现象，这种气候条件不适宜进行太阳电池的测量。一天之中，太阳在天空的位置不断变化，阳光穿过大气层的路径也在不断变化，故而地面上辐照度和光谱分布随之在连续改变。

将辐照度在相应时间内积分，可得辐射量。辐射量为太阳辐射能量密度的度量，单位为 J/m^2 或 kW·h/m^2。一般情况下，积分时间窗为 1 天，当然是指白天的日照时长。辐射量经常也用峰值日照时数(Peak Sun Hour，PSH)表示，简单说就是在 1kW/m^2 辐照度下的小时数，用来等效表示由辐照度对全天日照时数积分得到的辐射量。值得注意的是，给定地点的峰值日照时数并不是说在这整个时段内太阳都以峰值辐照度(1kW/m^2)在照射。实际上，峰值日照条件很可能每天只出现 1～2h。例如，夏天时，太阳辐射照度在 10h 中保持平均 600 W/m^2，于是，总的太阳辐射为 6000W·h/m^2，峰值日照时数为 6000W·h/m^2 除以 1kW/m^2，即峰值日照时数为 6h，但是太阳辐射照度只有中午 1～2h 能达到 1000 W/m^2。图 4.10 显示了一个有少许浮云的晴天示例。

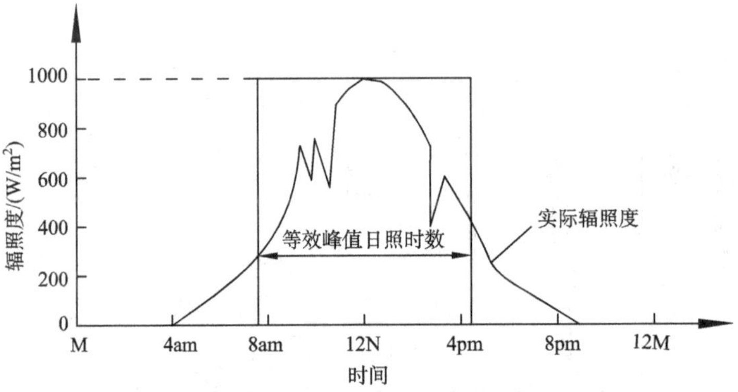

图 4.10 通过辐照度积分确定峰值日照时数

4.5　太阳辐射测量

如前所述，太阳辐射穿过大气层时，部分辐射沿着原方向前进，部分辐射受到大气中成分的影响改变传播方向，向各个方向传播。通常，将地面接收到的、直接来自太阳而未改变传播方向的太阳辐射称为直射辐射，受大气层影响而改变了传播方向的辐射称为散射辐射，两者之和为太阳总辐射。在实际应用中，直射辐射和散射辐射的作用不同。例如，在聚光太阳能应用中，只利用直射辐射。而对于平板型光伏组件，散射辐射也起了重要作用。在正常大气条件下，直射辐射占总辐射的 75%以上。在多云条件或者严重大气污染时，散射辐射比例会上升。若天空布满乌云，则都为散射辐射。

可用总辐射表来测量太阳总辐射。它通常水平安装，用于收集水平表面的总辐射数据，也经常安装在光伏组件平面上，用于测量倾斜表面的总辐射数据。典型的总辐射表如图 4.11 所示，在装置中心处是感应元件，其表面涂有高吸收率的黑色涂层，感应元件的热结点在感应面上，而冷结点位于仪器的机体内，以便直接获取环境温度。当有光照时，冷热结点产生温差形成电动势，将光信号转换为电信号输出。美国的 Eppley 黑白格总辐射表也可以测量总辐射，如图 4.12 所示。其工作原理是一系列黑白电堆的热差分。用热电偶测量每个电堆温度，并得到取决于温度差分的电压差。

如图 4.13 所示，总辐射表还可安装一个遮光带，用于阻挡直射辐射，使其仅响应散射辐射。遮光带安装位置应在太阳光入射路径上，从而使太阳光在白天直射在遮光带上。由于太阳赤纬角每天都在变化，并且遮光带仅能遮挡几度，所以每隔几天就需要重新调整位置。

图 4.11　总辐射表

图 4.12　Eppley 黑白格总辐射表

图 4.13　用遮光带在总辐射表上测散射辐射

用来测量直射辐射的仪表称为直射辐射表，通常使用一个狭窄的长筒收集直射太阳辐射，如图 4.14 所示，用瞄准接收器在法向测量来自太阳及其周围一小部分的太阳辐射。感应件是其核心部分，由感应面与热电堆组成，安装在光筒的后部。当光筒对准太阳时，黑体感应面吸收太阳直射增热，使得热电堆产生温差电动势。

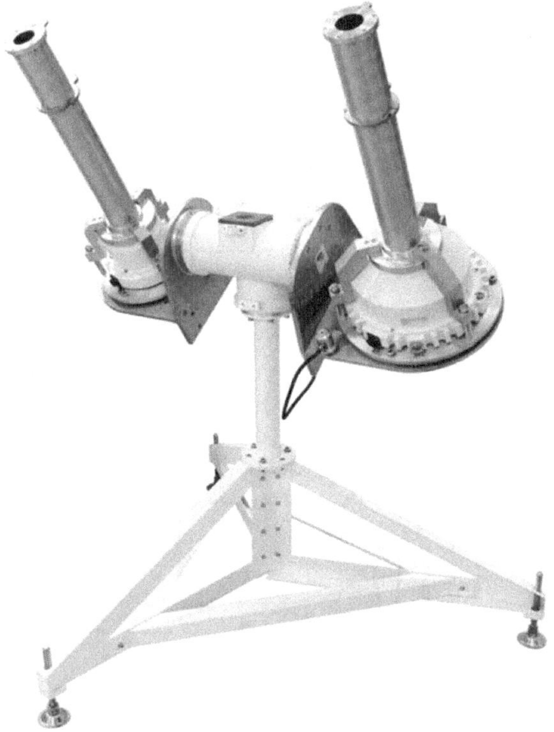

图4.14　直射辐射表

4.6　标准测试条件

测量太阳电池和组件的电性能，通常的办法是将它们放在稳定的自然光或模拟太阳光下，并保持一定的温度，描绘出电流-电压特性曲线，同时测定入射光的辐照度以计算电池的光电转换效率。由于伏安特性与测试条件有关，辐照度、光谱分布和电池温度均对电性能有影响，故必须在统一的测试条件下进行测量，或将测量结果换算到相同测试条件，才能鉴定太阳电池电性能的好坏。

为了能够确定组件的额定电气参数，使得不同组件(电池技术不同、数量不同、内部电路不同)的电气性能可以进行对比，国际电工委员会第82技术委员会，即太阳光伏能源系统标准化技术委员会(IEC TC82)规定了标准测试条件(Standard Test Conditions，STC)。标准测试条件包括标准太阳光(标准辐照度和标准光谱)

和标准测试温度：标准太阳光可以人工模拟，或在自然条件下寻找，温度可以人工控制。

地面用太阳电池的标准测试条件如下：光源的辐照度1000 W/m^2，并具有标准的 AM1.5 太阳光谱分布，电池测试温度为(25±2)℃。AM1.5 标准太阳光谱辐照度分布的曲线由图 4.15 给出。

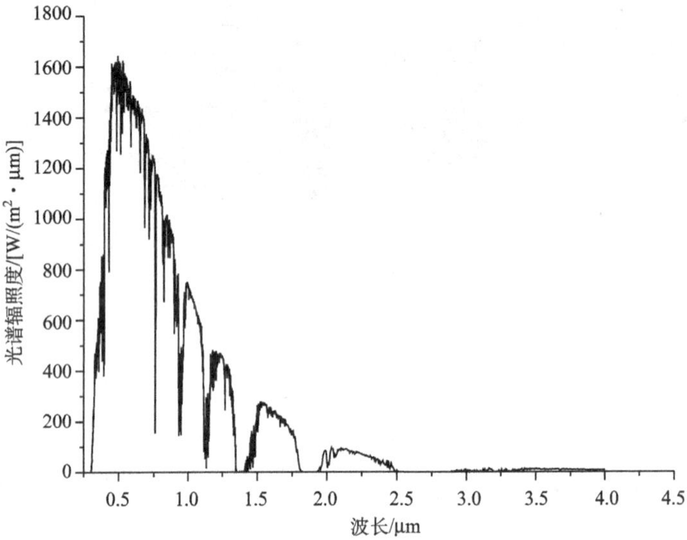

图 4.15　AM1.5 标准太阳光谱辐照度分布曲线

获得 AM1.5 标准光谱分布对应的大气条件如下。

(1) 美国标准大气：二氧化碳浓度上升到当前水平(370ppm，1ppm=10^{-6})，乡村悬浮微粒模式，无污染。

(2) 可降水量：1.4164cm。

(3) 大气臭氧含量：0.3438 atm-cm。

(4) 混浊系数(气溶胶光学厚度)：0.084(0.5μm 处)。

(5) 大气压强：1013.25hPa(即水平面)。

测定时周围环境为反射率与波长相关的轻质无遮蔽土壤，在与水平面成 37°倾角的向阳表面上所获得的总太阳辐射即 AM1.5 标准光谱分布。

实际上，目前标准中使用的 AM1.5 标准光谱分布是由 SMARTS 软件(2.9.2 版本)生成的。SMARTS 是 Simple Model of the Atmospheric Radiative Transfer of Sunshine(太阳光的大气辐射传输简易模型)的简称，为美国国家可再生能源实验室所有。该软件用于评估无云条件下，光谱在 280～4000nm 的太阳辐射分布，只需输入一些参数(如大气压、海拔、水蒸气、臭氧的含量、二氧化碳的体积混合比和气溶胶模型，接收器倾斜度，大气质量数值等)，就可以得到太阳辐射光谱。在将标准测试相应参数条件下 SMARTS 软件的输出结果与归一化因子(0.9971)相乘即可得到辐照度为$1000\,\mathrm{W/m^2}$。大气质量 AM1.5 的选取则是基于美国国家航空航天局喷射推进实验室的 Gonzalez 和 Ross 在 1980 年的研究建议的，从美国东北部缅因州卡里布市(纬度 46°52′)到美国西南部亚利桑那州凤凰城(纬度 33°26′)，50%的太阳辐射资源都是在 AM1.5 左右。而 AM1.5 标准光谱中定义的向阳表面位置示意图如图 4.16 所示，倾角的选择是基于美国本土的 48 个州的平均纬度为北纬 37°，这也恰好是人类文明荟萃和文史胜迹聚集之地。当倾角等于当地纬度时，一整年获得的太阳辐射能最多。可见 AM1.5 标准光谱中的数据条件最初是根据美国的实际情况提出的，现在已成世界通用的标准。

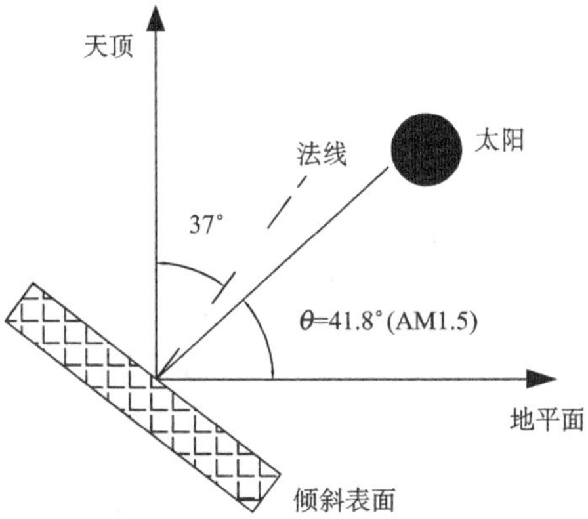

图 4.16　向阳表面位置示意图

航天用太阳电池的标准测试条件如下：光源辐照度$1367\,\mathrm{W/m^2}$，并具有标准的 AM0 太阳光谱分布，测试温度(25 ± 1)℃。

如果不是在标准条件下进行测试，通常须将所测数据修正到标准测试条件。

4.7　太阳模拟器

太阳模拟技术起源于空间科学技术，早期太阳模拟器的研制是为了满足空间科学领域在地面开展空间环境模拟实验的需求，随后逐渐成为太阳能光伏发电、光热发电及太阳热化学等领域实验研究的重要组成部分。

标准地面阳光条件要求具有 $1000\mathrm{W/m^2}$ 的辐照度、AM1.5 的标准太阳光谱以及足够好的均匀性和稳定性，这样的标准阳光在室外能找到的机会很少。太阳辐照度和光谱分布受气候与地域影响存在诸多不稳定性，这会影响光伏器件参数测试结果的可重复性，而且由于自然阳光的总辐照度无法调节，对其光谱分布与标准条件光谱的差异(光谱失配)进行校正时，需要实时监测太阳光谱，但太阳光谱测量的准确度不高。光谱测试在可见光区间的不确定度约为 4%，紫外线区间和红外线区间的不确定度更大，为 8%～10%，所以，光伏器件的测试，尤其是太阳电池生产线上的测试，各种电池最高纪录测试公信度的确认等，均需要有公认标准的太阳模拟器来提供模拟的太阳光源。

太阳模拟器是用人造光源来模拟太阳光谱和辐照度的一种光源设备，常用来在室内环境中实现不同大气质量条件下太阳辐照特性，可在高精度拟合太阳光谱分布的前提下实现不同的太阳辐照强度，在短时间内能模拟出不同地域、不同季节的太阳光照特性，以满足试验研究对太阳辐照的特殊需求。典型的太阳模拟器如图 4.17 所示。有时光伏测试也在自然阳光下进行，模拟太阳光与自然阳光性能比较见表 4.2。由于太阳模拟器本身体积较小，室内测试过程不受环境、气候、时间等因素影响，从而避免了室外测量的各种因素限制，有利于结果的重现，所以广泛用室内模拟测试来代替室外测试。

图 4.17　脉冲和稳态太阳模拟器

表 4.2　自然阳光与模拟太阳光对比

类型＼性能	优点	缺点
自然阳光	1. 连续性光照； 2. 辐照均匀性好，准直性高； 3. 光谱失配度好	1. 受时间和气候影响； 2. 总辐照度不能调节； 3. 光谱分布不稳定
模拟太阳光	1. 可连续发光，也可闪光； 2. 总辐照度稳定且可调； 3. 不受时间、季节和气候的影响； 4. 便于和太阳电池生产线集成	1. 辐照均匀性不易调节； 2. 光谱匹配度不易调整； 3. 光的准直性不够好

光伏行业中采用的太阳模拟器一般包含光学系统、供电及控制电路和计算机三部分，其中光学系统大多为同轴透射准直式光学结构，特点是均匀辐照体积或均匀辐照面积的对称轴和光学系统的光轴相重合，主要由光源、聚光反射镜、光学积分器、准直透镜等组成，如图 4.18 所示，若为更高精度的匹配太阳光谱，还需加装滤光片。聚光反射镜将光源发出的光束会聚到焦点处，然后通过一组由多层蒸发膜组成的滤光片，并在光学积分器的入射端面形成一个辐照度分布，这个分布经光学积分器各通道对称分割，叠加再成像后经准直透镜以平行光射出，在辐照面上形成一个辐照度均匀分布的照射，这样从准直透镜前方看去，辐射光束如同来自“无穷远”处的太阳，从而模拟了太阳光辐照。

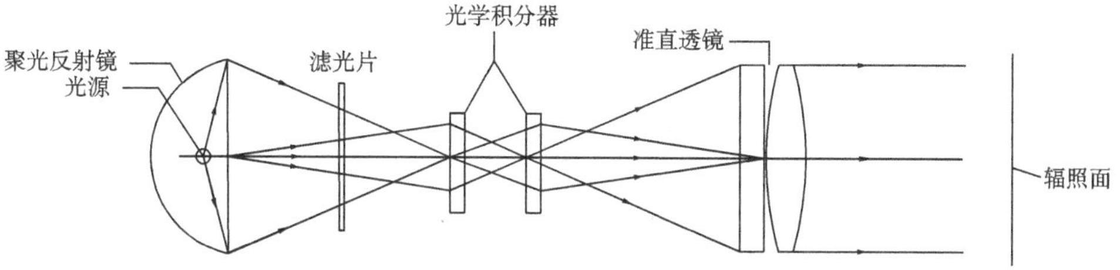

图 4.18　太阳模拟器光学系统的基本结构

用于光伏检测的太阳模拟器，除了光学系统、供电及控制电路、计算机三部分，一般还包含电子负载、数据采集系统等功能模块，如图 4.19 所示。太阳电池是一种非线性元件，在进行电池或组件的性能测试时，一般通过测试一整条伏安特性曲线来判断太阳电池的性能。当前业界主要使用电子负载代替真实负载进行伏安特性曲线的测试。测试结果需要数据采集系统采集转换后输入计算机处理。

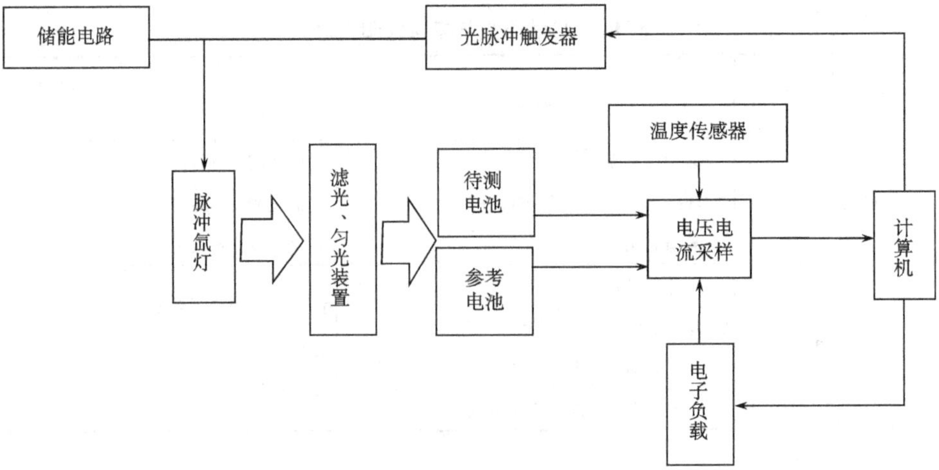

图 4.19　光伏检测太阳模拟器原理图

按照太阳模拟器的有效光照面积也就是使用场合不同，可分为单片测试仪和组件测试仪。单片测试仪又称为电池测试仪或 IV 测试仪，一般用于电池片工厂后端的功率测试及分选和组件工厂前端的功率测试及分选，测试面积较小，一般为 100～400cm^2，可以满足常规的 125mm、156mm 太阳电池的测试。组件测试仪，常称为太阳模拟器，一般用于组件工厂后端的出厂测试，测试面积较大，一般在 1000mm×2000mm 左右，可以满足当前 72 片 156mm 晶硅以下的任何一种常规组件的出厂测试。

4.7.1　电光源

太阳模拟器的电光源是决定光谱能量分布与太阳光线接近程度的重要因素，可以作为模拟器电光源的灯种类有很多，如碳弧灯、卤钨灯、氙灯、LED 灯等，如图 4.20 所示。

早期的太阳模拟器选用碳弧灯作为电光源，碳弧灯利用两根接触的碳棒电极在空气中通电后分开时所产生的放电电弧发光，其光谱由炽热碳电极的连续辐射和金属蒸汽特征谱线叠加组成，与太阳光线光谱的分布接近，但碳弧灯的紫外辐射很强并会产生剧毒的氰气，同时还常需调节距离，设备的操作强度大，故现在的太阳模拟器中已不采用。

卤钨灯，又称卤素灯，其玻璃外壳中充有一些卤族元素气体(通常是碘或溴)，工作原理如下：当灯丝发热时，钨原子被蒸发后向玻璃管壁方向移动，在接近玻璃管壁时，钨蒸汽被冷却到大约 800℃并和卤素原子结合在一起，形成卤化钨(碘化钨或溴化钨)。卤化钨向玻璃管中央继续移动，又重新回到被氧化的灯丝上，由

碳弧灯

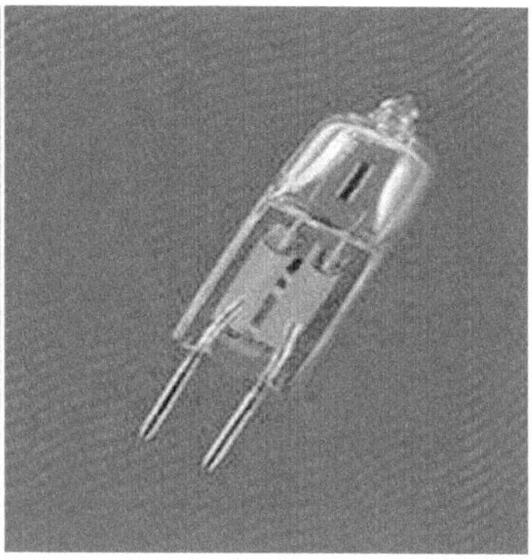

卤钨灯

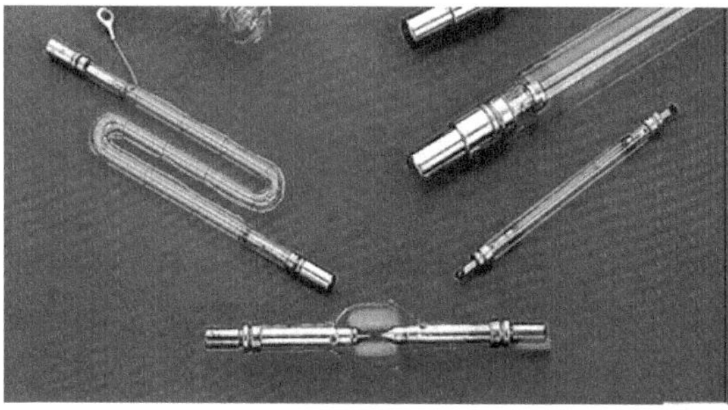

氙灯

LED 灯

图 4.20　太阳模拟器用电光源

于卤化钨是一种很不稳定的化合物，其遇热后又会重新分解成卤素蒸汽和钨，这样钨又在灯丝上沉积下来，弥补被蒸发掉的部分。由于价格低廉，简易型太阳模拟器常用卤钨灯来装置。它的光谱和日光相差很远，红外线含量太多，紫外线含量太少。为避免采用昂贵的滤光设备，通常用一定厚度的水膜来滤除一部分红外线，适当改善其近红外区的光谱，但却无法补充过少的紫外线。

冷光灯是卤钨灯的一种，由卤钨灯和一种介质膜反射镜构成组合装置。反射镜对红外线几乎是透明的，而对其余光线却能起良好的反射作用。因此经反射后红外线明显减弱而其他光线却成倍增加。和卤钨灯相比，冷光灯的光谱有了大幅度的改善，避免了非常累赘的水膜滤光装置。因此目前简易型太阳模拟器多数采用冷光灯。为了使它的色温尽可能地提高些，和冷光罩配合的卤钨灯常设计成高色温，可达 3400K，但使它的寿命明显缩短，额定寿命仅 50h，因此需经常更换。

目前实际太阳模拟装置中往往采用氙灯作为电光源。氙灯是利用氙气激发放电而发光的光源，光谱的连续性很强，且光谱分布与输入电功率无关，从总的情况来看比较接近于日光，但在 0.8～1μm 有较强红外线，比太阳光大几倍。因此必须用滤光片滤除，加上不同的滤光片即可获得 AM0 或 AM1.5 等不同的太阳光谱。

氙灯可分为长弧氙灯、短弧氙灯、脉冲氙灯三类。长弧氙灯是一种在管状石英泡壳内充有适量高纯度氙气、两端封有极距大于 100mm 的钍钨、钡钨或铈钨电极的氙灯，结构如图 4.21 所示。弧光放电时损失较小，发光效率高，寿命长，长弧氙灯发出的光谱和日光非常接近。

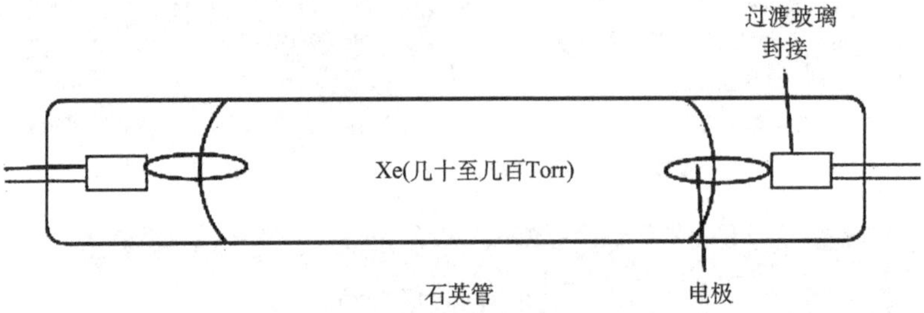

图 4.21　长弧氙灯结构图(1Torr=133.3Pa)

短弧氙灯是一种在椭球形石英泡壳内充有高压氙气、极间距离小于 10mm 的氙灯，如图 4.22 所示。短弧氙灯是具有极高亮度的点光源，色温为 6000K 左右，光色接近太阳光，是目前气体放电灯中显色性最好的一种光源。

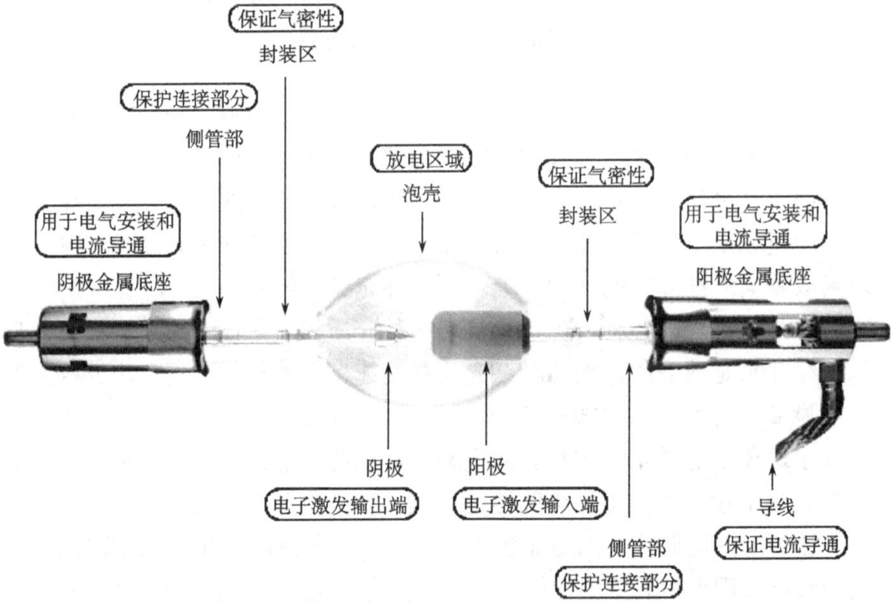

图 4.22　短弧氙灯结构图

以上两种氙灯都为稳态氙灯，在模拟器设计中，需要复杂的光学积分装置来使光斑均匀，还需要一套复杂而比较庞大的电源及起辉装置，并且要对氙灯进行风冷或水冷。总的来说，稳态氙灯模拟器的缺点是装置复杂，价格高，有效辐照面积很难做得很大。

脉冲氙灯是利用储存的电能或化学能，在极短时间内发生高强度闪光的氙灯。这种光源的特点是能在短时间内发出比一般光源强若干倍的强光，而且光谱特性比稳态氙灯更接近于日光。脉冲氙灯一般由密封在玻璃或石英玻璃体内的两个电极组成，壳体中充以氙气等惰性气体。脉冲光源的闪光持续是指 1/3 峰值光强所对应的时间间隔，称为脉冲宽度，它主要由光源的结构和点灯电路决定，现有脉冲光源的脉冲宽度一般为$10^{-9}\sim10^{-2}$ s。由于亮度高，通常可将太阳电池放在离脉冲氙灯较远的位置进行测量，因此改善了辐照均匀性，可得到大面积的均匀光斑。光伏组件生产线上性能测试用太阳模拟器一般采用脉冲氙灯。

发光二极管(Light Emitting Diode，LED)，是一种特殊的二极管，能够将电能转化为可见光。与普通二极管一样的是发光二极管中电流可以轻易地从 p 极(阳极)流向 n 极(负极)，而相反方向则不能。和普通的二极管不一样的地方是芯片材料和制造工艺的不同。普通二极管的基材是硅和锗，发光二极管的基材是蓝宝石和碳化硅，硬度比硅和锗高得多。发光二极管通电后，内部两种不同的载流子，空穴和电子，在不同的电极电压作用下从电极流向 p、n 结构。当空穴和电子相遇而产生复合时，电子会跌落到较低的能阶，同时以光子的方式释放出能量。它所发出的光的波长(决定颜色)，是由组成 p、n 结构的半导体物料的禁带能量决定的。由于硅和锗是间接带隙材料，这些材料在常温下电子与空穴的复合是非辐射跃迁，此类跃迁只有极低温的特定温度下会发光，但发光的亮度不明显，必须在特殊角度下才能发现，所以普通二极管不能发光。发光二极管所用的如镓铝砷铟、镓铝砷磷、氮化镓等材料都是直接带隙型的，这些禁带能量对应着近红外线、可见光、或近紫外线波段的光能量。随着新型固体照明元件 LED 的出现和应用，由于其结构简单、光电转换效率较高、散热能力强、发光稳定、使用寿命远长于氙灯、价格低等优点，人们开始另辟蹊径利用 LED 取代氙灯作为太阳模拟器的光源。LED 作为太阳模拟器的光源，先后经历了采用纯白色 LED 阵列、红绿蓝 LED 混合阵列和多颜色可调节光强 LED 混合阵列三个阶段。

目前没有任何一种光源能够准确地再现真实太阳光谱，从开始的卤钨灯、冷光灯到现在使用最多的氙灯以及刚刚出现的 LED，都或多或少地只能模拟光谱曲线的一部分，或者其光谱曲线的某一段与标准光谱曲线有差别。因此国内外出现了多光源太阳模拟器，取长补短用以合成太阳光谱。一般采用氙灯和其他电光源的组合，如氙灯和钨灯、氙灯和卤钨灯等，配合相应的滤光片及冷光镜，可以更好地拟合太阳光谱。

4.7.2 光学系统

太阳模拟器中光学系统主要包括聚光反射镜、光学积分器、准直透镜和滤光片等。聚光反射镜作用为汇聚光源发出的光线，一般为椭球面聚光镜，有时也会采用抛物面镜或其他非球面镜。

光学积分器是匀光系统，通过将宽光束对称分割为细光束的方式，使辐照度在光路上的分布更加均匀。由于每个细光束光斑的均匀性要高于整个宽光束光斑的均匀性，而且在对称位置上的细光束能量分布可以相互叠加补偿，故采用光学积分器可以达到极高的辐照均匀性。

准直透镜的作用是将光学积分器末端形成的均匀光线平行地透射到辐照面上，要求最后出射的光束达到一定的准直角，从而模拟太阳光线分布效果。

滤光片作用是过滤光源发出的光线，消除或减小光谱分布与太阳光之间的误差，一般可分为 AM0 和 AM1.5 等不同型号。

4.7.3 太阳模拟器分类

根据太阳模拟器光源的脉冲特性可以将太阳模拟器分为稳态模拟器和脉冲模拟器。稳态太阳模拟器使用稳态光源作为太阳模拟器的光源，在工作时输出辐照度稳定不变的模拟阳光。它能提供连续照射的标准太阳光，使测量工作能从容不迫地进行，无需快速地测量与信号采集，主要用于研究所及研发、认证实验室。但为了获得较大的辐照面积，它的光学系统，以及光源的供电系统非常庞大，因此比较适合于制造小面积太阳模拟器。

脉冲太阳模拟器在工作时并不连续发光，只在很短的时间内(通常是毫秒量级以下)以脉冲形式发光，一般用脉冲宽度来描述，该指标有两重意义，一是描述脉冲模拟器发出的稳定的脉冲光时间宽度，二是描述脉冲模拟器发出的整个脉冲光的时间宽度。例如，一个模拟器的整个脉冲光宽度是 120ms，其中稳定的脉冲光宽度是 100ms，则一般称该模拟器的脉冲宽度是 100ms。脉冲太阳模拟器瞬间功率可以很大，而平均功率却很小，测试工作在极短的时间内进行，故被测电池热输入可忽略，这样在测试时被测电池与环境温度保持一致，而环境温度是可以很容易地精确测量的。另外由于这类模拟器在大面积范围内辐照度均匀性好，能够更好地适用于大尺寸组件的测试，因此目前组件测试一般都采用脉冲太阳模拟器，用计算机进行数据采集和处理。

根据在一次测量中脉冲次数的不同，脉冲模拟器又分为单脉冲和多脉冲模拟器。单脉冲模拟器是通过一个持续时间为毫秒量级的亚稳态光脉冲完成 *I-V* 曲线的，它对测试的速度要求很高，但这样有一个好处是无需专门的冷却装置，并且测试的速度很快。对于常规晶硅电池，这个亚稳态脉冲一般要求在 10ms 左右，对于薄膜、聚光、多结高效电池等电容效应较大的电池这种亚稳态脉冲要达到 100ms 左右。多脉冲模拟器通过多次的闪光测量完成一个 *I-V* 曲线上信号的采集，由于每次闪光的光强可能不同，测试的重复性不是很高。对于大规模的工业生产来说，目前主流市场以单脉冲为主，各电池组件生产线上使用最多的还是单脉冲太阳模拟器，主要优点是时间短，适合工厂使用。

4.7.4　太阳模拟器的等级

衡量太阳模拟器的主要技术指标有总辐照度、光谱匹配度、不均匀度和时间不稳定度。

1. 总辐照度

模拟器必须能够在测试平面上达到 1000W/m^2 的标准辐照度(用标准电池测量)，并且根据需要可对辐照度在标准辐照度值上、下进行一定的调节。

2. 光谱匹配度

不同基材的电池光谱响应差别很大。实际上，即使基材相同的电池在生产过程中由于晶体生长或其他条件和工艺等的差异，也会导致光谱响应的差异。因此太阳电池的响应与太阳光的光谱分布密切相关，必须确定太阳模拟器的光谱辐照度分布与真实阳光的差别，才能准确分析太阳电池的光电转换特性。模拟器光谱辐照度分布应与 AM1.5 标准光谱辐照度分布相匹配。在对太阳电池影响最大的波长范围内(400～1000nm)，将其分为 6 个波长间隔，分别算出标准光谱各段辐照度所占比例，如表 4.3 所示。脉冲太阳模拟器的光谱匹配度会随着脉冲的改变而改变。因此，光谱辐射测定实验应在一定时间内进行，并需定期检查其数据。

表 4.3　标准光谱辐照度分布比例

序号	波长范围/nm	波长 400～1100nm 总辐照度的百分比/%
1	400～500	18.4
2	500～600	19.9
3	600～700	18.4
4	700～800	14.9
5	800～900	12.5
6	900～1100	15.9

太阳模拟器光谱匹配度是指每个波长范围实际测试的总辐照度的百分比与表 4.3 列出的标准光谱辐照度分布的百分比的比率。例如，实际测试中，400～500nm 的辐照度比例为 19%，则光谱匹配度为 19%/18.4% = 1.03。光谱匹配度计算公式为

$$\text{光谱匹配度}(\lambda_1,\ \lambda_2)=\frac{\int_{\lambda_1}^{\lambda_2}G_{\text{sim}}(\lambda)\text{d}\lambda\Big/\int_{400}^{1100}G_{\text{sim}}(\lambda)\text{d}\lambda}{\int_{\lambda_1}^{\lambda_2}G_{\text{std}}(\lambda)\text{d}\lambda\Big/\int_{400}^{1100}G_{\text{std}}(\lambda)\text{d}\lambda} \tag{4.6}$$

式中，$G_{\text{sim}}(\lambda)$，$G_{\text{std}}(\lambda)$ 分别为太阳模拟器输出光的光谱辐照度和 AM1.5 标准光谱辐照度；λ_1、λ_2 分别为表 4.3 中不同波长间隔的上、下极限值(nm)。光谱匹配度越接近 1 说明与标准光谱越接近。

3. 不均匀度

辐照不均匀会造成光伏组件上各电池片接收到的光辐射不同，从而使组件的功率和效率评定产生偏差。在测试平面上，指定测试区域内的辐照度应达到一定的均匀度。辐照不均匀度就是在有效辐照面的整个范围内，辐照度随位置变化的最大相对偏差。

辐照不均匀度是对测试平面上不同点的辐照度而言的，假设测试平面内各点的辐照度不随时间变化，则辐照不均匀度为

$$\text{不均匀度}=\frac{\text{最大辐照度}-\text{最小辐照度}}{\text{最大辐照度}+\text{最小辐照度}}\times 100\% \tag{4.7}$$

式中，最大辐照度和最小辐照度分别为利用探测器在该平面内各点处测得辐照度的最大和最小值。辐照度需用合适的探测器测量，探测器的尺寸应不超过有效辐照面积的 1/64 或 400cm^2，取两者中较小的尺寸。

用于组件测试的大面积太阳模拟器的辐照不均匀度主要取决于测试室或测试装置内部的反射条件，因此，不均匀度实际是对整个测试系统的评估。

4. 时间不稳定度

时间不稳定度是指在有效辐照面内任意给定位置上，在规定的时间间隔内，辐照度随时间变化的最大相对偏差。假设测试平面内辐照不均匀度不变，测试平面上同一点的辐照度随时间改变时，则多次测量中辐照时间不稳定度为

$$\text{时间不稳定度}=\frac{\text{最大辐照度}-\text{最小辐照度}}{\text{最大辐照度}+\text{最小辐照度}}\times 100\% \tag{4.8}$$

式中，最大辐照度和最小辐照度是数据采集期间在测试平面内探测器在任意指定

点的测量值。

辐照时间不稳定度又分为长时不稳定度(Long Term Instability，LTI)和短时不稳定度(Short Term Instability，STI)。LTI 指在整个数据采集期间辐照度的不稳定度。数据采集期在不同试验中定义不同，如为 *I-V* 性能测试则数据采集期间为整个 *I-V* 曲线测试时间；如为辐射暴露测试，则为辐射暴露总时间。

STI 指在某组数据(一组数据包括电压、电流和辐照度)采集期间辐照度的不稳定情况。STI 与 *I-V* 性能测试中数据的采集时间有关，在 *I-V* 曲线上，STI 的数值可能一直变化，在这种情况下，STI 取整个曲线测试过程中最差的情况。如果每组数据的电压、电流和辐照度同步采集，则不存在采集期间辐照度的波动，这种情况下默认 STI 为最高等级(A 级)。

按照光谱匹配度、不均匀度和时间不稳定度的不同，太阳模拟器分成不同等级，具体由各个技术指标的最低级别确定，划分为 A、B、C 三个级别，见表 4.4。太阳模拟器的等级用三个字母表示，顺序为光谱匹配度、不均匀度和时间不稳定度。例如，AAA 级太阳模拟器，表明该模拟器的光谱匹配度、不均匀度和时间不稳定度均为 A 级。

表 4.4　太阳模拟器等级分类

等级	各波长范围的光谱匹配度	辐照不均匀度	辐照时间不稳定度	
			短时不稳定度	长时不稳定度
A	0.75～1.25	2%	0.5%	2%
B	0.6～1.4	5%	2%	5%
C	0.4～2.0	10%	10%	10%

如果同一技术指标有几个不同的等级，则以最低等级为准。以某一 *I-V* 测试试验为例，整条 *I-V* 曲线测试时间在 10ms 内，同步采集组件电流、电压和辐照度，不同通道采集信号触发间隔不超过 10ns，且在此期间辐照度变化不超过 0.5%，太阳模拟器的等级判定示例如表 4.5 所示。

不同等级的太阳模拟器有不同的应用范围。各种条件下电池或组件电性能的测试、温度系数测试等一般采用 AAA 级太阳模拟器，而太阳电池及光伏组件的某些定型试验，如热斑试验、光老炼试验等则可用较低级别的太阳模拟器。

表 4.5　太阳模拟器等级判定示例

等级	不同间隔的光谱匹配度	辐照不均匀度（特定组件尺寸）	辐照时间不稳定度
CBB	0.81(400～500 nm)：A 0.71(500～600 nm)：B 0.69(600～700 nm)：B 0.74(700～800 nm)：B 1.56(800～900 nm)：C 1.74(900～1100 nm)：C	2.8%(组件尺寸 100cm ×170cm)	STI：A LTI = 3.5%：B
	最低等级 =C	等级 =B	等级 =B

4.8　标准太阳电池

辐照度测量对于 PV(Photovoltaic，光伏)测试非常重要。由于太阳电池的响应与入射光的波长有关，入射光的光谱分布将严重影响所测电池的性能。自然阳光的光谱分布因地理位置、气候、季节和时间而异；太阳模拟器的光谱分布则随其类型及工作状态而不同。如果采用对光谱不敏感的热电堆型辐射计来测量辐照度，即使所测总辐照度相同，也可能存在着不同光谱分布，而由于光谱分布的改变，会给测得的转换效率带来百分之几的误差，所以在 PV 测试中很少采用热电堆型辐射计。

为减小这种误差，需采用具有与被测电池基本相同光谱响应的标准太阳电池来测量光源的辐照度。光谱响应是单位辐照度所产生的短路电流与入射光波长的关系。所谓标准太阳电池，就是在测定太阳电池、组件时，为了可以将测定所用光源的辐照度换算成标准太阳光谱辐照度下而使用的电池。标准太阳电池是专门标定过的太阳电池，其短路电流与标准太阳光谱辐照度的关系称为标定值，单位是 $A \cdot m^2/W$，表示每单位辐照度所产生的短路电流。产生标定值的过程和方法称为标定。在 PV 测试中测量辐照度时，可根据标准太阳电池的标定值设定太阳模拟器的辐照度，再来测试待测太阳电池：首先调节模拟器的光强，使标准电池的短路电流输出值等于其标定值，设好光强后，把标准太阳电池取下，换上被测电池，然后对其性能进行测试。

为保证标准太阳电池与被测太阳电池具有基本相同的光谱响应特性，所选作为标定的太阳电池必须与被测太阳电池具有相同的材料、相同的电池结构并且用相同的工艺条件制作，然后装入指定的容器，如图 4.23 所示。对于新研制的太阳电池，由于其性能和工艺尚未稳定和定型，有时可选用其他稳定的太阳电池，用适当的方法使其光谱响应与被测电池基本一致，亦可作为标准太阳电池。例如，非晶硅太阳电池由于其稳定性不好，有时选用单晶硅电池加滤光片制成模拟的非晶硅标准太阳电池。

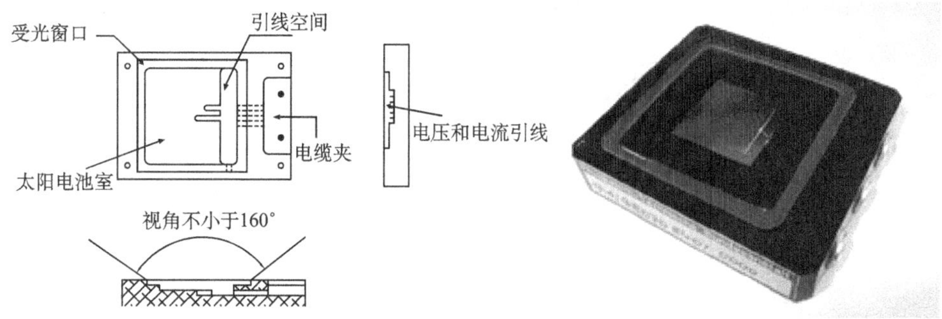

图 4.23　单个电池封装示意图与实物

标准太阳电池可自动地把光谱分布改变的影响考虑在内。因此，采用标准太阳电池来测量辐照度的方法，用于在户外测量太阳电池的电性能时，对地理位置和气象条件就不必严格要求；而在室内测量时，对所用太阳模拟器的类别要求也不高。此外，由于标准太阳电池和被测电池的时间常数接近，太阳辐照度的不稳定只要不发生在测量过程中，也是允许的。

另有一种进行太阳电池光谱响应测试时使用的标准电池，它必须给出各个不同波长的单色光下的短路电流值，即它必须有一条标准的相对或绝对光谱响应曲线，以校准在光谱响应测试时单色光的辐照度。此标准电池称为光谱标准太阳电池。

在测量光伏组件和方阵的 *I-V* 特性时，要使用标准光伏组件来测量太阳光或模拟光源的辐照度。和标准太阳电池一样，标准光伏组件本身必须是稳定可靠的，它的光谱响应也要与被测组件基本相同，即由它引起的光谱失配误差要小于 ±1% 。它的标定值必须由相应级别的标准太阳电池进行标定而得到。在涉及的辐照度范围内，它的短路电流应随辐照度呈线性变化。如果此标准光伏组件是由单体太阳电池组装而成的，这些太阳电池的短路电流和填充因子应当基本相同，差别在 ±2% 以内。标准光伏组件不应含有旁路二极管，它的几何尺寸、机械结构和电路应尽量与被测组件一致，以减小由于模拟器的辐照面不均匀、内部反射和温度分布造成的差异。

标准太阳电池与被测电池、组件和方阵对入射辐射的几何分布的变化应具有相同的响应。由于自然光的散射分量和模拟阳光非法线入射的情况都将影响被测组件中个别电池上的辐照度，所以在测量多片电池封装的组件而又非法线入射的情况下，标准太阳电池应封装在一个多电池单元内，如图 4.24 所示。

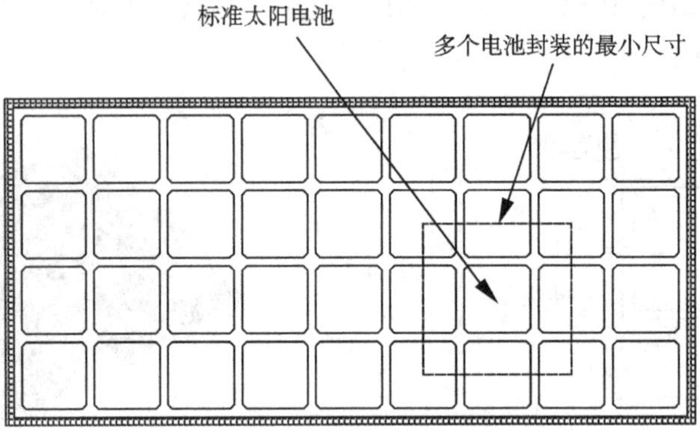

图 4.24　多个电池封装中的标准太阳电池

这时，框架、封装材料、封装方式、标准太阳电池周围电池的形状、尺寸和排布都应与被测组件相同。排布在标准太阳电池周围的，可以是真实的电池，也可以是具有相同光学特性的模拟电池。图中虚线表示室外测试时多个电池封装的最小尺寸。

4.8.1　光谱失配误差

实际光源(自然阳光或太阳模拟器光源)的光谱和标准太阳光谱不可能完全一致，造成了实际光源的光谱相对于标准太阳光谱的偏离，光谱失配会引起电池短路电流密度误差；并且实际测试时的标准电池和被测电池两者的光谱响应在很多情况下并不一致，存在的偏差也会对 I-V 特性中的电流数据结果造成影响，上述这两类偏差一般总称为光谱失配误差。光谱失配误差 $\varDelta$ 可由下式表示：

$$\varDelta=\int\left[F_{\mathrm{T,AM1.5}}(\lambda)-F_{\mathrm{S,AM1.5}}(\lambda)\right]\left[B(\lambda)-1\right]\mathrm{d}\lambda \tag{4.9}$$

式中，波长积分范围为 AM1.5 标准太阳光谱的波长范围；$F_{\mathrm{T,AM1.5}}(\lambda)$ 和 $F_{\mathrm{S,AM1.5}}(\lambda)$ 分别是被测电池(T)和标准电池(S)在 AM1.5 标准太阳光谱下的相对光谱电流，即光谱短路电流 $i(\lambda)$ 与短路电流 I 之比：

$$F_{\mathrm{T,AM1.5}}(\lambda)=\frac{i_{\mathrm{T,AM1.5}}(\lambda)}{I_{\mathrm{T,AM1.5}}}$$

$$F_{\mathrm{S,AM1.5}}(\lambda)=\frac{i_{\mathrm{S,AM1.5}}(\lambda)}{I_{\mathrm{S,AM1.5}}}$$

$$I_{\mathrm{T,AM1.5}}=\int i_{\mathrm{T,AM1.5}}(\lambda)\mathrm{d}\lambda$$

$$I_{S,AM1.5}=\int i_{S,AM1.5}(\lambda)d\lambda$$

$B(\lambda)$为实际光源的光谱辐照度 $G_{sim}(\lambda)$ 与 AM1.5 标准太阳光谱辐照度 $G_{AM1.5}(\lambda)$ 之比，即

$$B(\lambda)=\frac{G_{sim}(\lambda)}{G_{AM1.5}(\lambda)}$$

$$B(\lambda)-1=\frac{G_{sim}(\lambda)-G_{AM1.5}(\lambda)}{G_{AM1.5}(\lambda)}$$

故 $B(\lambda)-1$ 表示实际光源的光谱辐照度 $G_{sim}(\lambda)$ 和 AM1.5 标准太阳光谱辐照度 $G_{AM1.5}(\lambda)$ 的相对偏差。可见，公式(4.9)中同时包含了光源的光谱辐照度失配误差和电池光谱响应失配误差。

显然，在两种特殊情况下光谱失配误差消失：一种情况是太阳模拟器的光谱和标准太阳光谱完全一致；另一种情况是被测太阳电池的光谱响应和标准太阳电池的光谱响应完全一致。这两种特殊情况都难以严格地实现，AM1.5 标准太阳光谱无法在实验室内准确复现，因此在实际情况下不可能测量得到电池在标准太阳光谱下的短路电流密度。两种情况相比之下，后一种情况更难实现，因为待测太阳电池是多种多样的，不可能每一片待测电池都配上和它光谱响应完全一致的标准太阳电池。光谱响应之所以难于控制，一方面出于工艺上的原因，在众多复杂因素的影响下，即使是同工艺、同结构、同材料，甚至是同一批生产出来的太阳电池，也并不能保证具有完全相同的光谱响应；另一方面来自测试的困难，光谱响应的测量要比伏安特性麻烦得多，也不易测量正确，不可能在测量伏安特性之前先把每片太阳电池的光谱响应测量一下。因此为了改善光谱匹配，最好的办法是设计光谱分布和标准太阳光谱非常接近的精密型太阳模拟器，从而对太阳电池的光谱响应不必再提出要求。

在很多情况下，为了准确测定太阳电池的 *I-V* 特性，必须确定实际光源与标准阳光、被测电池与标准电池之间的光谱关系，通过计算补正电池的 *I-V* 特性曲线。

目前，工业生产中常用标准太阳电池短路电流法来分析光谱失配误差，这是一种标准电池和测试电池之间参数传递的方法，由于简单易行而得到广泛采用。首先，必须获得标准电池在标准测试条件下的短路电流；然后，将标准电池置于太阳模拟器下测试，调整太阳模拟器的辐射功率使其短路电流值与标定值相同(如果测试温度不是 25℃，必须进行电流温度系数校正)；最后，将待测电池在调整后的太阳模拟器下进行测试，可获得测试电池在接近标准测试条件下的短路电流值。此种方法只考虑太阳模拟器的光谱失配对短路电流的误差影响，其并不是消

除模拟器辐射光谱与标准太阳光谱的差异，而是调整模拟器的辐照度来近似抵消模拟器光谱失配对光伏测试的影响。故标准电池短路电流法使用的前提是标准电池与测试电池的光谱响应一致，否则会存在较大误差。

为进一步解决这一问题，目前实验室一般推荐采用光谱失配因子方法修正光谱失配误差。在利用标准电池设定辐照度时，若测得实际光源的辐照度为 G_{meas}，则修正后等效辐照度为

$$G_{eff} = MM \times G_{meas} \tag{4.10}$$

式中，G_{meas} 为利用标准太阳电池的短路电流值测得的实际光源辐照度，若标准电池为线性器件，则可利用线性关系外推获得辐照度值；G_{eff} 为产生相同短路电流值时所对应的标准太阳光谱的等效辐照度；MM 称为光谱失配因子，可由下式计算获得

$$MM = \frac{\int G_{AM1.5}(\lambda) S_S(\lambda) d\lambda \int G_{sim}(\lambda) S_T(\lambda) d\lambda}{\int G_{sim}(\lambda) S_S(\lambda) d\lambda \int G_{AM1.5}(\lambda) S_T(\lambda) d\lambda} \tag{4.11}$$

式中，$G_{AM1.5}(\lambda)$、$G_{sim}(\lambda)$ 分别为 AM1.5 标准太阳光谱辐照度和实际光源的光谱辐照度；$S_S(\lambda)$、$S_T(\lambda)$ 分别为标准电池和测试电池的光谱响应。

如果式(4.11)中采用绝对光谱辐照度和绝对光谱响应，则有 $I_{SC} = \int G(\lambda) S(\lambda) d\lambda$，代入上式可得

$$MM = \frac{I_{SC,S,AM1.5} I_{SC,T,sim}}{I_{SC,S,sim} I_{SC,T,AM1.5}} \tag{4.12}$$

式中，$I_{SC,S,AM1.5}$ 为标准电池在 AM1.5 标准太阳光谱下的短路电流；$I_{SC,S,sim}$ 为标准电池在实际光源时的短路电流；$I_{SC,T,AM1.5}$ 为测试电池在 AM1.5 标准太阳光谱下的短路电流；$I_{SC,T,sim}$ 为测试电池在实际光源时的短路电流。

室内测试时，可调节模拟器发射功率，使得按照公式(4.10)所获得的等效辐照度为标准测试条件下的值(即 $1000\,W/m^2$)。也就是说，在利用标准电池的标定值线性外推设定模拟器光源的辐照度时，实测辐照度需为

$$G_{meas} = \frac{1000\,W/m^2}{MM}$$

在此实测辐照度时，标准电池在模拟器光源下和标准太阳光谱下获得相等的短路电流值，其中光谱失配因子的倒数 1/MM 表示模拟器光源发射功率的调节程度。

在户外测试时，辐照度不易调节，可在测试 *I-V* 特性曲线后将其修正至标准测试条件，其中测试辐照度由公式(4.10)给出。

4.8.2 标准太阳电池的溯源与传递

标准太阳电池是用来测量自然阳光与模拟器光源辐照度的专用器件，它是一种衡器。标准太阳电池标定值的精确性是由比它更精确的上一级衡器来校准的。当前使用的标准太阳电池分成三个级别，即一级、二级和工作标准太阳电池。最广泛使用于工厂和实验室的工作标准太阳电池是由二级标准太阳电池在自然和模拟阳光下进行标定传递得到的。同样地，二级标准太阳电池是由一级标准太阳电池标定传递得到的。一级标准太阳电池是一个国家太阳电池的最高标准，它是由国际上认同的辐射计、标准探测器或标准光源等进行标定传递得到的。这些辐射计和探测器包括太阳热量计、日射强度计和光谱辐射计等多种。它们统称为二级标准源。二级标准源必须定期地(一般为 5 年)与一级标准源进行比对。世界辐射计标准(WRR)是公认的测量太阳辐照度的一级标准源。这个标准源由空腔振荡器辐射计的世界标准组(WSG)制作，由国际计量学会(NMIS)维护。

这样可以清楚地看到从工作标准太阳电池到二级、一级标准太阳电池，再到辐照度的二级和一级标准源，形成一个完整的关于辐照度测量标准的溯源链，如图 4.25 所示。

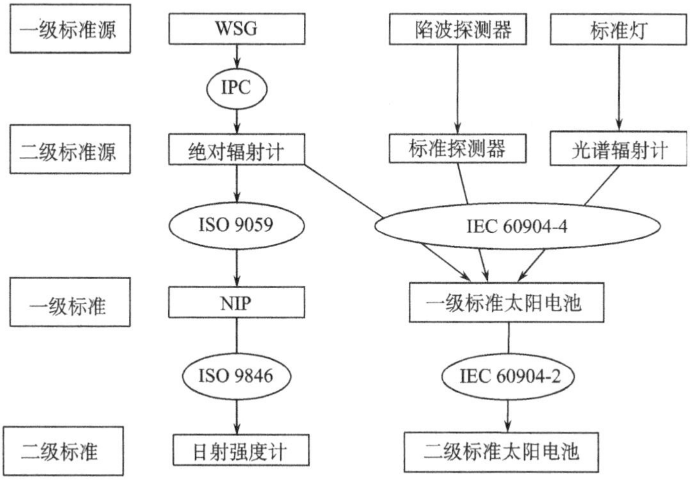

图 4.25　用于太阳辐照度探测器溯源的最常见标准仪器和传递方法

IPC：国际太阳热量计比对；NIP：垂直入射太阳热量计

4.8.3 标准太阳电池的标定

标准太阳电池的标定是一项非常复杂、烦琐、细致的工作，是具有很高科技含量和创新思维的系统工程。标定工作一般由专门的权威机构组织有经验有能力的科技人员进行。一级标准电池的产生，是最重要的标定工作。其次是由一级标准电池向二级标准电池的传递标定。

1. 一级标准太阳电池的标定

对于一级标准太阳电池的标定方法，相关国际标准认同四种方法。

(1) 总辐射法。标定工作在自然阳光下进行，要求阳光充足，天气晴朗，太阳周围 30° 半角内无明显云层。标定地点和时间应满足太阳仰角为 41.8°，符合 AM1.5 的要求。太阳总辐照度是直接辐照度和散射辐照度之和，它们分别由二级标准源的太阳热量计和日射强度计来测量，这两种辐射计均由太阳辐照度一级标准源(WRR)比对而来。为了进行光谱修正，必须同时测量太阳光的光谱辐照度和太阳电池的相对光谱响应。在测量太阳电池短路电流的同时，监控和记录其温度，最后将所测的短路电流值修正到标准测试条件。为了保证准确度，所有上述测量均进行多次，取其算术平均值作为所需标定值。

(2) 直射辐射法。与总辐射法一样，也在自然阳光下进行。不同的是，只用太阳热量计测量太阳的直射辐照度，并在此辐照度下测太阳电池短路电流，对此短路电流进行辐照度、温度和光谱修正后便得到标定值。当然，此标定值也应是多次、多日重复测量结果的平均值。

(3) 微分光谱响应(DSR)标定法。此法是用太阳电池的绝对光谱响应与标准太阳辐照度分布进行积分而得到太阳电池的短路电流值。因此必须先测量太阳电池的相对光谱响应，然后在三个不同波长下测量绝对光谱响应。为此要用具有温度控制的标准辐照度探测器，此探测器必须溯源到一级标准源。如果测量时温度能控制到(25±2)℃，则可无需温度修正。在测量太阳电池相对光谱响应时，要对电池加以偏光，此偏光光强要在 10～1100 W/m^2 内连续可调，要求选用 CBA 级以上的太阳模拟器作为此偏光光源。

(4) 太阳模拟器标定法。此法必须使用 AAA 级太阳模拟器作为光源，模拟光照在太阳电池上的辐照度应近似为 1000 W/m^2。用光谱辐射计测量模拟光源的光谱辐照度分布，此光谱辐射计必须是可溯源到一级标准源的二级标准源，其他必须用一级标准灯标定过，在 1000 W/m^2 偏置光下测量太阳电池的相对光谱响应，在 (25 ± 2)℃ 下测太阳电池的短路电流，短路电流要测量 10 次取其平均值。此时可用下式得到标准太阳电池的标定值(CV)：

$$\mathrm{CV} = I_{\mathrm{SC}} \frac{\int G_{\mathrm{AM1.5}}(\lambda) S_{\mathrm{R}}(\lambda) \mathrm{d}\lambda}{\int G_{\mathrm{sim}}(\lambda) S_{\mathrm{R}}(\lambda) \mathrm{d}\lambda} \tag{4.13}$$

式中，I_{SC} 是所测太阳电池短路电流；$G_{AM1.5}(\lambda)$、$G_{sim}(\lambda)$ 分别为 AM1.5 标准太阳光谱辐照度和实际光源的光谱辐照度；$S_R(\lambda)$ 为欲标定太阳电池的相对光谱响应。

2. 二级标准太阳电池的标定

二级标准太阳电池应在自然阳光下或模拟太阳光下，以一级标准太阳电池为基准进行标定，一级和二级标准太阳电池的光谱响应应相互匹配，使得在标定所用的光照下，光谱失配误差小于 ±1%。

(1) 自然太阳光应满足如下条件：晴朗、阳光充足的天气，散射辐射不大于总辐射的 30%；太阳周围无明显的云层；由一级标准太阳电池测得的总辐照度不小于 $800\,W/m^2$；大气质量在 AM1～AM2；太阳辐照充分稳定，在一次测量时间内，标准电池的短路电流变化小于 ±0.5%。

(2) 太阳模拟器应满足 AAA 标准，要求光照面辐照度的不均匀度小于 ±1%。

(3) 标定方法。先测量二级标准太阳电池的相对光谱响应和短路电流的温度系数。将一级和二级标准电池紧靠一起，安装于同一平面内（误差 ±1°），使太阳光或模拟器光束的中心线与电池表面垂直（误差 ±5°）。两标准电池的温度均控制在 (25 ± 2)℃以内，否则要作温度修正。同时测量一级和二级标准太阳电池的短路电流和温度，重复五次测量，其短路电流之比（修正到 25℃）变化应不大于 ±0.5%。对于在自然阳光下的标定，上述过程应在不少于三天内每天进行两次。选出可接受的数据，计算出 25℃时二级标准太阳电池与一级标准太阳电池短路电流的比值。最后将一级标准太阳电池标定值乘以计算得到的平均比值便得到二级标准太阳电池的标定值。

思　考　题

4-1　地面接收的太阳光谱分布受哪些因素影响？

4-2　光伏组件测试中的光谱失配误差来源是什么？通常采用什么方法来改善这种失配？

4-3　标准测试条件中 AM1.5 标准太阳光谱是如何制定的？25℃是指环境温度还是电池温度？

4-4　如果用热电堆型太阳辐射表测量太阳辐射，对光伏电池和组件性能测量有什么影响？

第 5 章　光伏器件的基本测量

对光伏器件(太阳电池和光伏组件)的基本测量主要是其以光电转换效率为代表的电性能,包括电流-电压特性曲线、光谱响应曲线以及电流和电压的温度系数。

5.1　电流-电压特性的测量

由于伏安特性与测试条件有关，必须在规定的标准测试条件下进行测量，或将测量结果换算到标准测试条件。标准测试条件包括标准太阳光(标准光谱和标准辐照度)和标准测试温度：温度可以人工控制，对定标测试，标准测试温度为(25 ± 1)℃，对非定标测试，则为(25 ± 2)℃；标准太阳光可以人工模拟，或在自然条件下寻找，辐照度用标准太阳电池来测量。为了减少光谱失配误差，模拟阳光的光谱应尽量接近标准太阳光谱，并且需选用和被测量电池光谱响应基本相同的标准太阳电池。

太阳电池电流-电压特性的测量可以在自然阳光下进行,也可以在室内模拟阳光下进行。

测量光伏器件电流-电压特性的同时必须精确测量光伏器件和标准太阳电池的温度，测温精度和重复性应分别达到±1℃和±0.5℃。如果标准电池的实测温度与标定温度之差大于2℃，应对标定值按实测温度进行调整。

测试电路框图如图 5.1 所示。图中标准太阳电池用于测量光源的辐照度。测量中，标准太阳电池与被测电池应置于均匀光照范围内的同一水平面内，共面性误差小于 2°。测试平面应与直射阳光或模拟阳光光束垂直，偏差不大于±5°。如果光源均匀光照的面积不足以同时容纳标准电池和被测电池，则在用标准电池调整光源达到所需辐照度之后,再将被测电池换到原来位置进行电流-电压特性的测量。

在自然阳光下测量时，要求在一次测量期间内太阳光总辐照度波动不大于±1%。标准电池和待测电池应安装在准确度为±5°的双轴太阳跟踪器上。若要求测量结果仍以标准测试条件为参照，则总辐照度应不低于$800\,\mathrm{W/m^2}$。如果标准电池和被测电池均装有温控器，应调到所需测试温度，否则应将标准电池和被测电池都遮挡起来，避免阳光和风的影响，使它们与周围空气环境的温度一致后，去掉遮挡物立即进行测量。

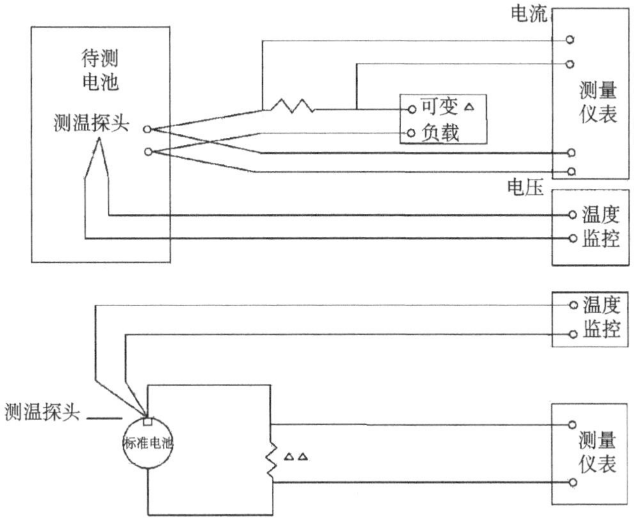

图 5.1　电流-电压特性测试电路框图

图中“▵”意指推荐用电子学方法；“▵▵”表示该电阻应选用精密电阻为宜

为使测试结果准确可靠，所用仪表应经过认真鉴定，使电压和电流测量准确度达到 ±0.2%。测量电压和电流时应从待测电池分别引出导线，短路电流应在零电压条件下测量，可采用电子学方法加上可变偏压来补偿外部串联电阻的电压降。如果通过测量一个精密的具有四端引线的固定电阻上的电压降来测短路电流，则要求此电阻上的电压降不大于电池开路电压的 3%。这时电流与电压呈线性关系，可把曲线外推到零电压。

图 5.2 为典型电流-电压特性曲线。从中可以得到该光伏器件的开路电压 V_{OC}、

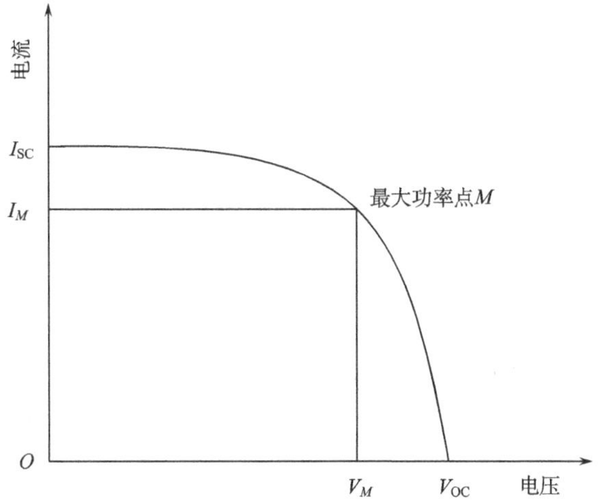

图 5.2　电流-电压特性曲线示例

短路电流 I_{SC} 和最大功率点 M，然后可进一步求出该光伏器件的填充因子FF和光电转换效率 η，分别为

$$FF = \frac{I_M \cdot V_M}{I_{SC} \cdot V_{OC}} \tag{5.1}$$

$$\eta = \frac{I_M \cdot V_M}{P_{Sun}} \tag{5.2}$$

可知

$$\eta = \frac{FF \cdot I_{SC} \cdot V_{OC}}{P_{Sun}} \tag{5.3}$$

式中，P_{Sun} 为照射到光伏器件上的太阳辐射功率。

5.2　光谱响应的测量

在太阳电池电性能测量中，光谱响应是仅次于电流-电压特性的重要特性，它包含着太阳电池的许多重要信息，不但能反映电池各层材料质量，也反映减反膜质量、辐照损伤和各个界面层的质量。

太阳电池绝对光谱响应定义为单位辐照度产生的光电流与入射光波长的关系。若测得电池在波长 λ 处对应的短路电流和辐射功率，则有

$$S_a(\lambda) = \frac{I_{SC}(\lambda)}{P(\lambda)} \tag{5.4}$$

式中，S_a、I_{SC}、P 分别为波长 λ 处绝对光谱响应（A/W）、光谱短路电流（A）和光谱辐射功率（W）。绝对光谱响应也可由下式给出

$$S_a(\lambda) = \frac{I_{SC}(\lambda)}{G(\lambda) \cdot A} \tag{5.5}$$

式中，$G(\lambda)$ 为波长 λ 时的光源辐照度（W/m^2）；A 为电池面积（m^2）。

利用给定的标准太阳光谱辐照度和绝对光谱响应数据，还可以计算出标准条件下太阳电池的短路电流：

$$I_{SC} = A\int S_a(\lambda) G_{AM1.5}(\lambda) d\lambda \tag{5.6}$$

式中，积分的上下限为该太阳电池光谱响应特性中最短和最长的波长（分别称短波限和长波限）；$G_{AM1.5}(\lambda)$ 为AM1.5标准太阳光谱辐照度 $\left[W/\left(m^2 \cdot \mu m\right)\right]$。

为了应用和测试的方便，人们常以光谱响应的最大值对整条曲线进行归一化，得到的曲线称为相对光谱响应：

$$S_r(\lambda)=S_a(\lambda)/\max\left[S_a(\lambda)\right] \tag{5.7}$$

式中，$S_r(\lambda)$ 为波长 λ 处的相对光谱响应；$\max\left[S_a(\lambda)\right]$ 表示绝对光谱响应曲线的最大值。

光伏器件相对光谱响应的测量是用其响应范围内一系列不同波长的单色光照射器件，并在每一波长下测量其短路电流密度和辐照度得到的。光源必须均匀照射器件，而且器件的温度应当可以控制。测出的电流密度除以辐照度或与辐照度成比例的其他参数，并以波长为变量作图，即可得到太阳电池光谱响应曲线；或者，如果保持辐照度恒定(如通过改变单色光通过缝隙的宽度)，则相对光谱响应可直接由电流密度的读数获得。

辐照度监测器可以是真空热电偶、热释电辐射计或其他合适的探测器，也可以使用标定过的其相对光谱响应已知的标准太阳电池(其光谱响应范围应覆盖被测电池的波长范围)，即光谱标准太阳电池。这时，所测太阳电池的相对光谱响应由下式给出

$$S_{T,r}(\lambda)=\frac{S_{S,r}(\lambda)\cdot j_{T,SC}(\lambda)}{j_{S,SC}(\lambda)} \tag{5.8}$$

式中，$S_{T,r}(\lambda)$、$S_{S,r}(\lambda)$ 分别是被测太阳电池和标准太阳电池在波长为 λ 时的相对光谱响应；$j_{T,SC}$、$j_{S,SC}$ 分别是被测太阳电池和标准太阳电池在同一波长下的短路电流密度（A/m^2）。

如果使用的标准太阳电池的绝对光谱响应是已知的，则通过将上式中相对光谱响应改为绝对光谱响应即可：

$$S_{T,a}(\lambda)=\frac{S_{S,a}(\lambda)\cdot j_{T,SC}(\lambda)}{j_{S,SC}(\lambda)} \tag{5.9}$$

式中，$S_{T,a}(\lambda)$、$S_{S,a}(\lambda)$ 分别是被测太阳电池和标准太阳电池在波长为 λ 时的绝对光谱响应。

若使用真空热电偶作为辐照度监测器，则待测电池相对光谱响应按下式计算：

$$S_r(\lambda)=\frac{U_{SC}(\lambda)}{U(\lambda)} \tag{5.10}$$

式中，$U_{SC}(\lambda)$ 为单色光下太阳电池的短路电流经放大系统取样放大后的电压值（V）；$U(\lambda)$ 为真空热电偶波长为 λ 时的开路电压经放大系统放大后的电压值（V）。

图 5.3 和图 5.4 是两个测量光谱响应的测试布置图，一个使用石英棱镜片单色仪，一个使用滤光片轮作为单色光源。为了模拟太阳电池的实际工作环境，有时

要附加一个模拟光源(AM1.5)照射到被测太阳电池表面，此附加光照即偏置光。偏置光对光谱响应的影响程度随太阳电池类型而异。经实验证明偏置光对光谱响应没有明显影响的太阳电池，测量时可不加偏置光。

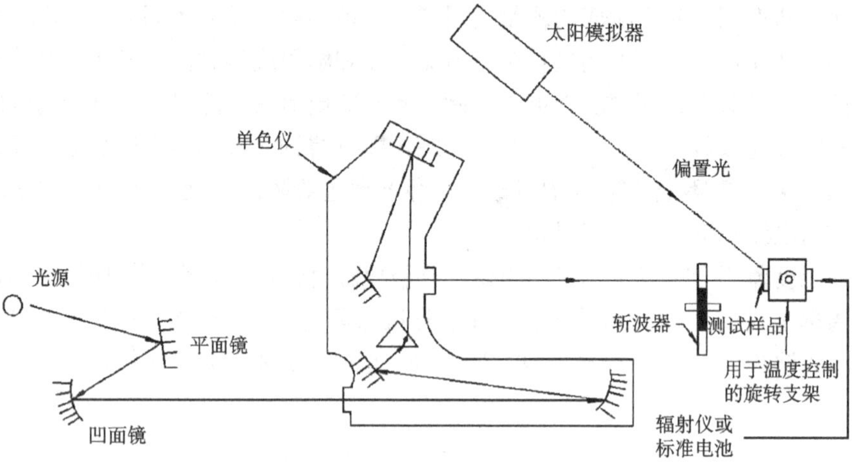

图 5.3　单色仪测量光谱响应布置图

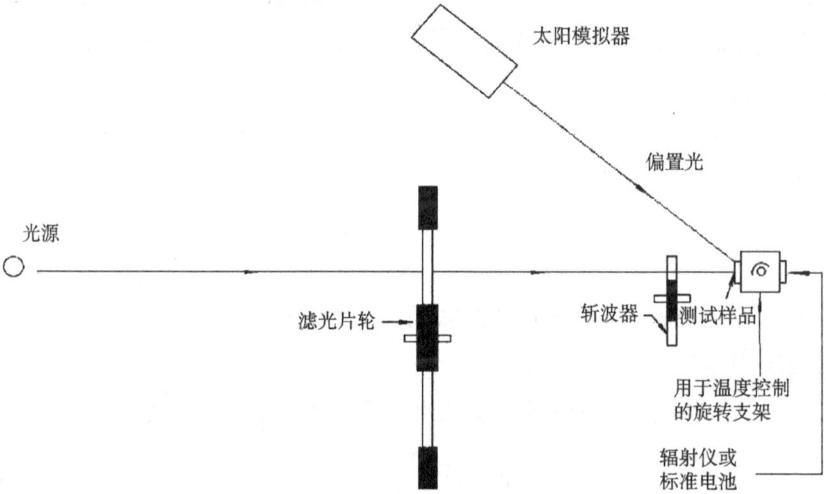

图 5.4　滤光片轮测量光谱响应布置图

将相对光谱响应曲线的纵坐标用适当方法进行绝对定标，即可得到该太阳电池的绝对光谱响应。常用激光方法定标，一般选用10～30mW 稳态激光器作为光源，其波长选在待测电池光谱响应灵敏度较高的波段内。用绝对辐射计测量波长为 λ_c 的激光器辐照度 $G(\lambda_c)$，在激光器辐照度不变的条件下将绝对辐射计换为待测太阳电池，测量该电池的短路电流密度 $j_{SC}(\lambda_c)$，则待测电池在波长为 λ_c 的绝对光谱响应可表示为

$$S_a(\lambda_c)=\frac{j_{SC}(\lambda_c)}{G(\lambda_c)} \tag{5.11}$$

由于待测电池在 λ_c 处的相对光谱响应 $S_r(\lambda_c)$ 是已知的，令

$$\kappa=\frac{S_a(\lambda_c)}{S_r(\lambda_c)} \tag{5.12}$$

得

$$S_a(\lambda_c)=\kappa S_r(\lambda_c) \tag{5.13}$$

结合公式(5.7)可知，各个波长的 κ 值是相等的，故在 λ_c 下求得的 κ 值是适用于各个波长的，所以待测电池的绝对光谱响应可由下式给出

$$S_a(\lambda)=\kappa S_r(\lambda) \tag{5.14}$$

5.3　温度系数的测量

测试光伏器件电性能时必须考虑温度的影响。太阳电池电性能参数如短路电流、开路电压和最大输出功率等都随温度而变，其中太阳电池的短路电流与温度的关联性并不是很大，短路电流随着温度上升而略有增加，这是由于半导体禁带宽度通常随温度的上升而减小使得光吸收随之增加，而开路电压和最大功率都随温度上升而减小。电参数与温度的这种关系可用温度系数来描述。

太阳电池短路电流温度系数 α 、开路电压温度系数 β 和最大功率温度系数 γ 都随辐照度而变，还随温度范围不同而略有变化，因此测试太阳电池温度系数必须标明辐照度的大小和温度范围。测量结果只在所测的温度范围内适用，温度范围根据需要来确定。一般来说，人们更关心标准测试条件下的温度系数值。

温度系数的测定一般在模拟阳光下进行，要求模拟器等级在 BBB 级以上。被测电池和标准太阳电池尽可能靠近放置，模拟阳光光束应垂直照射在电池表面，偏差小于±5°。利用标准太阳电池调整光源辐照度，使之稳定于标准辐照度下。被测电池应安装在具有良好热接触的温控部件上，温度传感器附着在被测的太阳电池上，尽量靠近 pn 结。温度的调控是很重要的，要求每个测试温度都应稳定在±2℃以内。将电池温度稳定在所需要温度范围的最低点，测量其 *I-V* 曲线。升高电池温度，在至少 30℃ 所感兴趣的范围内每隔 5℃ 测量一次 *I-V* 曲线。由上述各曲线上取出短路电流 I_{SC} 、开路电压 V_{OC} 和最大功率 P_M 值，分别作为温度的函数

逐点描绘下来，并利用最小二乘法贯穿每一组数据绘制一条拟合曲线。由此三条曲线在所关心的温度点的斜率便可求出相应的温度系数。

对于组件和太阳电池的其他组合，可按下式计算出其温度系数

$$\alpha = n_{\mathrm{p}} \cdot \alpha_{\mathrm{c}} \tag{5.15}$$

$$\beta = n_{\mathrm{s}} \cdot \beta_{\mathrm{c}} \tag{5.16}$$

式中，n_{p} 和 n_{s} 分别为并联和串联的单体电池数；α_{c} 和 β_{c} 分别为单体电池短路电流和开路电压的温度系数。

组件的温度系数也可以用上述方法直接测量，只是组件温度的测量必须按照如图 5.5 所示，在四个位置附近进行，然后取其平均值作为组件温度。

图 5.5　试验组件测温点位置

温度系数的测试也可以在自然阳光下进行。自然阳光下测试时阳光辐照度必须达到要求的值，且其波动不大于 ±2%，风速小于 2 m/s 。为减小光谱条件变化的影响，测量工作应尽快在同一天 1~2h 内完成。辐照度 G 从标准太阳电池的短路电流测试值 I_{SC} 进行计算，并修正到标准测试条件下的值。

$$G = \frac{1000\,\mathrm{W/m^2} \times I_{\mathrm{SC}}}{I_{\mathrm{SC,STC}}} \times \left[1 - \alpha_{\mathrm{STC}}\left(T - 25℃\right)\right] \tag{5.17}$$

式中，$I_{\mathrm{SC,STC}}$、α_{STC} 分别为标准电池在标准测试条件下的短路电流值和温度系数值；T 是测试时标准电池的温度。

实际测量中，精确测量光伏器件的温度比较困难。理论上应该测量电池的半导体结温，而实际中只能测量电池背表面的温度。对于组件来说，不可能用直接接触的方法测量每一片电池的温度，所以只能用温度探测器测量组件背表面的温度。这样会造成测量误差，在1000 W/m^2 的条件下，单晶硅组件的温度偏差一般为2.5℃。如果知道温度系数，就可以根据温度系数对测试结果进行修正。组件测温存在的另一个问题是每一个电池的温度都不同，仅需要一个单独的值，就得用计算平均值的办法得到。在电池方阵中，温度偏差会更加显著。

5.4　光伏器件 *I-V* 实测特性的温度和辐照度修正方法

如果由于条件限制，对光伏器件进行 *I-V* 特性测量时所用的温度和辐照度不是标准测试条件下的值，可以通过下述公式将实测结果修正到标准测试条件。如有需要，也可以修正到其他所需的温度和辐照度条件下。国际标准 IEC 60891 中推荐了三个修正方法，下面介绍其中一个。需要注意的是，该修正方法只适用于线性器件，或 *I-V* 特性与温度和辐照度关系的线性部分。

若实测 *I-V* 特性曲线上的坐标点为 I_1、V_1，修正后新 *I-V* 特性曲线上的坐标点为 I_2、V_2，则其修正公式为

$$I_2 = I_1 + I_{SC}\left[\frac{G_2}{G_1}-1\right]+\alpha\left(T_2-T_1\right) \tag{5.18}$$

$$V_2 = V_1 - R_s\left(I_2-I_1\right)-KI_2\left(T_2-T_1\right)+\beta\left(T_2-T_1\right) \tag{5.19}$$

式中，I_{SC} 为被测电池实测的短路电流；G_1 为标准太阳电池实测的辐照度；G_2 为标准辐照度或其他想要的辐照度；T_1 为实测温度；T_2 为标准测试温度或其他想要的温度；α 和 β 为被测电池在标准或其他想要的辐照度下，以及在所关心的温度范围内的短路电流温度系数和开路电压温度系数；R_s 为被测电池的内部串联电阻；K 为曲线修正因子。

辐照度 G_1 通常由标准电池测量，具体计算方法见公式(5.17)。

5.4.1　内部串联电阻的测试

测试可在自然阳光下或者模拟阳光下进行。在一定温度(稳定在 ±2℃ 以内)下测不少于三个不同辐照度($G_1,\cdots,G_N$)时的 *I-V* 曲线，辐照度在1000 W/m^2 或其他想要的数值附近。所得 *I-V* 曲线如图 5.6 所示。

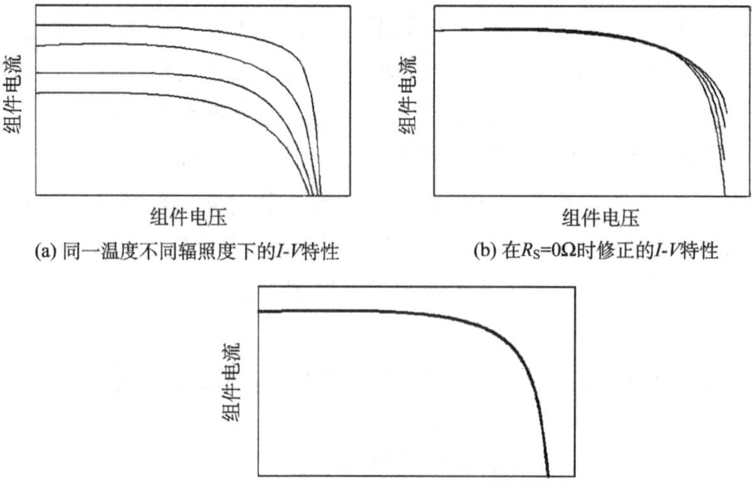

(a) 同一温度不同辐照度下的 *I-V* 特性　(b) 在 R_S=0Ω时修正的 *I-V* 特性

(c) 最合适的串联电阻下修正的 *I-V* 特性

图 5.6　内部串联电阻的确定

设各曲线辐照度从高到低分别为 $G_1,\cdots,G_N$，它们所测的短路电流分别为 $I_{SC1},\cdots,I_{SCN}$。对于线性组件，辐照度 G_N 表示为

$$G_N = \frac{I_{SCN}}{I_{SC1}} G_1 \tag{5.20}$$

利用修正公式(5.18)和公式(5.19)，将 $G_2,\cdots,G_N$ 所对应的曲线修正到 G_1 所对应的曲线，由于 G_1 和 $G_2,\cdots,G_N$ 处于相同的温度，所以只需进行辐照度修正，修正时令 $R_s=0$，于是得到图 5.6(b)的曲线。再逐步改变 R_s 值，每次改变 $10\text{m}\Omega$，对上述曲线进行修正。当各修正曲线的最大功率值的偏差小于±0.5%时，所取 R_s 值便是所测器件的内部串联电阻值，如图 5.6(c)所示。

5.4.2　曲线修正因子的测试

曲线修正因子 K 的测试也可在自然阳光和模拟阳光下进行。这时被测器件的温度系数和内部串联电阻必须作为已知条件。

在上述测 R_s 的辐照度范围内，选定一个辐照度值并稳定在±1%以内，在至少三个不同温度下分别测量器件的 *I-V* 特性，温度应控制稳定在±2℃以内。所得曲线如图 5.7(a)所示。

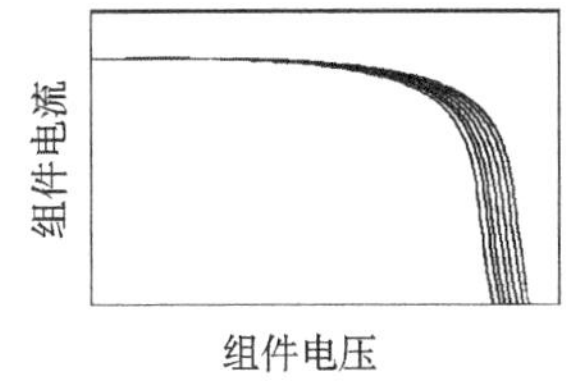

(a) 不同温度条件下 *I*-*V* 特性的测量结果

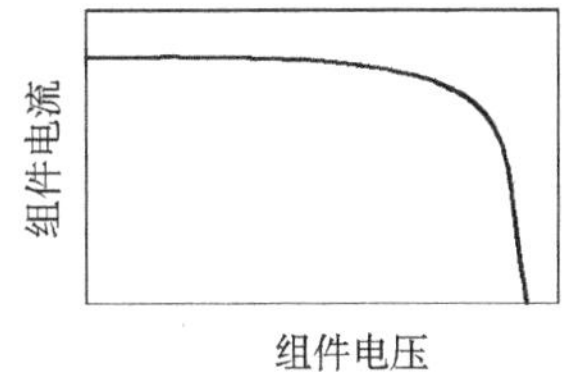

(b) *K*=0Ω/K 时 *I*-*V* 特性的温度修正

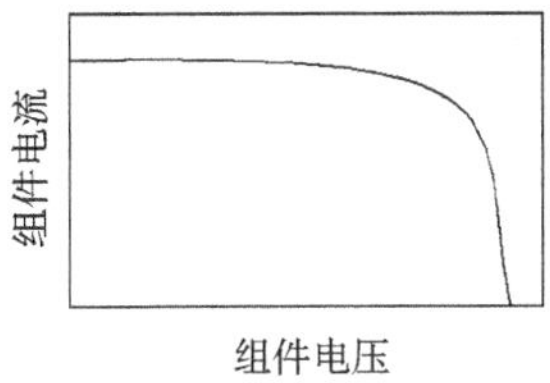

(c) *K* 最合适时 *I*-*V* 特性曲线的修正

图 5.7　曲线修正因子的确定

假定曲线温度从低到高分别是 $T_1,\cdots,T_N$。令 $K=0\Omega/\mathrm{K}$，利用修正公式(5.18)和公式(5.19)将 $T_2,\cdots,T_N$ 各曲线修正转化到 T_1 对应的曲线(相当于只作温度修正)。结果如图 5.7(b)所示。从 $K=0\Omega/\mathrm{K}$ 开始，每次改变 $1\mathrm{m}\Omega/\mathrm{K}$，对上述曲线进行修正，当修正后曲线最大功率值的偏差小于 ±0.5% 时，对应 K 值即所求，如图 5.7(c)所示。

思　考　题

5-1　如何从组件的伏安特性曲线上得到组件发电效率和填充因子?

5-2　晶体硅组件的电流温度系数、电压温度系数、功率温度系数分别约多少?

5-3　如何将已测得的伏安特性曲线转换成其他非标准测试条件温度、辐照度情况下的值?

第 6 章　主要国际标准

保证光伏组件在户外使用过程中的长期可靠性和安全性，是光伏业者一直在努力解决的问题，通过权威认证已经成为组件生产企业和光伏电站业主普遍认可的一个基本条件，而光伏认证的核心即 IEC 61215(地面用光伏组件——设计鉴定和定型)、IEC 61730(光伏组件安全鉴定)和 UL 1703(平板型光伏组件安全认证标准)等技术标准。

6.1　IEC 61215

2016 年 3 月份，IEC 发布了最新版的 IEC 61215 标准，与 2005 年发布的第二版相比，不仅标准的技术内容有了较大改动，标准的结构变动也非常大。标准的更新代表了制造和测试技术的进步，因此及时了解 IEC 61215 标准的修订情况，对于调整组件设计和生产有重要意义。

新版标准把晶体硅 IEC 61215 和薄膜 IEC 61646 的两个标准糅合在一起，变成了 IEC 61215 系列标准，采用一个总的测试要求(IEC 61215-1)和一个总的测试程序(IEC 61215-2)，而对不同类型的组件，则采用特殊要求加以说明(IEC 61215-1-X)，如图 6.1 所示。此次改版，IEC 61215 成为了一本系列标准，将力图囊括所有光伏技术组件的设计鉴定和定型测试认证要求，包括晶硅、微晶硅/非晶硅薄膜、碲化镉薄膜、铜铟镓硒薄膜等技术的光伏组件。该变化的好处是除了可以符合国际标准惯例，还能迅速反映新兴技术的产业化，起草对应的 IEC 61215-1-X 规定该技术组件所需要满足的特殊要求。

新版 IEC 61215 标准将测试项目命名为 MQT(Module Quality Test)，以便与 IEC 61730 中的 MST(Module Safety Test)对应并加以区别。

6.1.1　试验项目和流程

针对在通常的露天气候中长期工作的地面用光伏组件，IEC 61215 规定了其设计和定型中的试验要求。试验程序的目的是在尽可能合理的经费和时间内确定组件的电性能和热性能，表明组件能够在规定的气候条件下长期使用。需要注意的是，通过此试验的组件实际使用寿命期望值将取决于组件的设计以及它们使用的环境和条件。

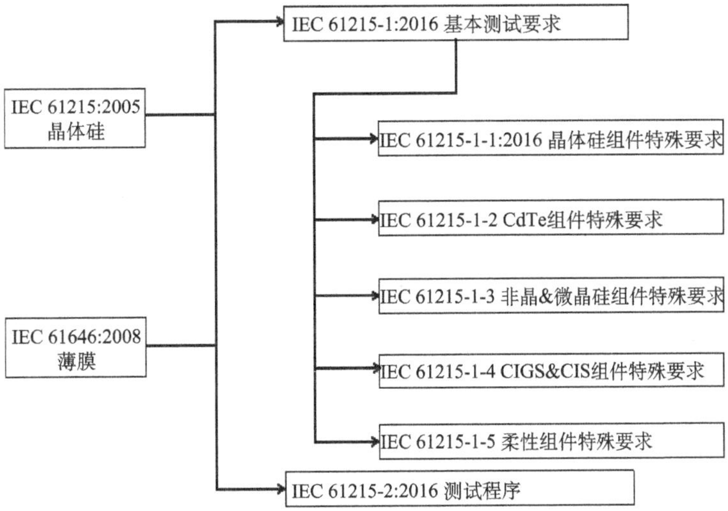

图 6.1　新版与旧版 IEC 61215 示意图

该标准内容仅适用于平板型光伏组件，不适用于聚光光伏组件。

对于组件设计鉴定和定型，下述试验流程和程序适用。表 6.1 总结了不同的试验项目。完整的试验流程如图 6.2 所示。具体试验和试验过程的描述在 IEC 61215-2 中给出。

表 6.1　试验项目一览表

试验	IEC 61215:2005 或 IEC 61646:2008	项目	试验条件
MQT 01	10.1	外观检查	检查组件中的任何外观缺陷
MQT 02	10.2	最大功率确定	详见 IEC 60904-1
MQT 03	10.3	绝缘试验	对于系统电压大于直流 50V 的组件，绝缘体经受电压为直流 1000V 加上两倍系统最大电压，持续 1min，然后维持在 500V 直流电压或最大系统电压 2min，测量绝缘电阻。对于系统电压低于直流 50V 的组件，测试电压为 500V 直流电压
MQT 04	10.4	温度系数测量	详见 IEC 60891； 详见 IEC 60904-10 的指导
MQT 05	10.5	组件标称工作温度(NMOT)测量	详见 IEC 61853-2(制定中)； 组件工作在最大功率点附近； 总太阳辐照度：800 W/m^2； 环境温度：20℃； 风速：1m/s

续表

试验	IEC 61215:2005 或 IEC 61646:2008	项目	试验条件
MQT 06	10.6	STC 和 NMOT 下性能测量	在 STC 时电池温度为 25℃，在 NMOT 时组件温度为标称工作温度； 辐照度：1000 W/m^2 和 800 W/m^2，采用 IEC 60904-3 标准太阳光谱辐照度分布
MQT 07	10.7	低辐照度下性能测量	电池温度：25℃； 辐照度：200 W/m^2，符合 IEC 60904-3 标准太阳光谱辐照度分布
MQT 08	10.8	室外暴晒试验	累计太阳辐射量 60 kW•h/m^2
MQT 09	10.9	热斑耐久试验	根据技术特殊要求部分和 IEC 61215-2，在最坏情况热点条件下暴露于 1000 W/m^2 辐照度
MQT 10	10.10	紫外预处理试验	280～400nm 波长的累计辐射量达 15 kW•h/m^2，其中 280～320nm 波长累计辐射量为总辐射的 3%～10%
MQT 11	10.11	热循环试验	从–40℃至+85℃，循环 50 次(序列 C)或 200 次(序列 D)，从 –40℃ 至 +80℃ 加温过程中给组件施加电流
MQT 12	10.12	湿冻试验	从+85℃，85%RH(相对湿度)到–40℃，循环 10 次，监控电路连续性
MQT 13	10.13	湿热试验	在+ 85℃，85%RH 下 1000h
MQT 14	10.14	引出端强度试验	接线盒附着力和电缆抗拉测试
MQT 15	10.15	湿漏电流试验	测试电压以不超过 500 V / s 的速率增加，至 500 V 或组件的最大系统电压(以较大者为准)，然后维持此电压 1min
MQT 16	10.16	静态机械载荷试验	轮流向前表面和后表面施加由制造商给出的均匀载荷 1h，循环三次； 最小试验载荷：2400 Pa
MQT 17	10.17	冰雹试验	25mm 直径的冰球，在 23.0m / s 速度下冲击 11 个指定位置
MQT 18	10.18	旁路二极管热性能试验	MQT 18.1：旁路二极管热性能试验 I_{SC} 和 75℃下 1h； 1.25I_{SC} 和 75℃下 1h MQT 18.2：旁路二极管功能测试 在 25℃进行电压和电流测量
MQT 19	10.19	稳定性测试	根据 MQT 02 进行三个连续的输出功率测量 P_1、P_2 和 P_3，使用 MQT 06.1 程序确定 STC 输出功率

IEC 61215 的主要试验项目可以归纳为电气性能试验、可靠性试验、环境模拟试验、机械应力试验等。

电气性能试验主要包括最大功率确定(MQT 02)、温度系数测量(MQT 04)、组件标称工作温度测量(MQT 05)、标准测试条件和组件标称工作温度下性能测量(MQT 06)、低辐照度下性能测量(MQT 07)、稳定性测试(MQT 19)。光伏组件的标准测试条件为：光源的辐照度 $1000\,W/m^2$，并具有标准的 AM1.5 太阳光谱分布，电池测试温度为 (25 ± 2)℃，这一测试可以在室内模拟阳光下或室外自然阳光下进行，在此条件下测试结果就是标准测试条件下的性能，包括短路电流、开路电压、最大功率等，这些都是实际应用中必需的参数。另外，在实际应用中，光伏组件受到工作温度、辐照度和光谱等条件的影响，实际的电性能会偏离在 STC 下的性能，因此标准中还规定了组件标称工作温度测量、低辐照度下性能测量和温度系数测量等试验，通过试验可以获得 NMOT，$200\,W/m^2$ 下的电性能，短路电流、开路电压的温度系数等参数，这些参数可以为电站设计中光伏组件提供修正依据。

可靠性试验包括绝缘试验(MQT 03)、湿漏电流试验(MQT 15)、旁路二极管热性能试验(MQT 18)。绝缘试验和湿漏电流试验主要测定组件在自然和潮湿条件下，内部电路部分与组件边框或外部之间的绝缘是否良好。湿漏电流试验还验证在雨、雾、露水或融雪的状态下，湿气进入组件内部电路的情况，如果湿气进入可能会引起腐蚀、漏电或安全事故。绝缘试验和湿漏电流试验一般在环境试验和机械应力试验后进行，主要考察光伏组件在破坏性试验后是否能保持标准要求的绝缘耐压特性。旁路二极管热性能试验主要评价光伏组件接线盒用旁路二极管的热设计及防止对组件有害的热斑效应性能对长期运行的可靠性，这一试验非常重要，如果二极管选配不当或存在质量问题会引起火灾的严重后果。

环境模拟试验包括室外暴晒试验(MQT 08)、热斑耐久试验(MQT 09)、紫外预处理试验(MQT 10)、热循环试验(MQT 11)、湿冻试验(MQT 12)、湿热试验(MQT 13)。室外暴晒试验可以初步评价组件经受室外暴晒的能力，并使在实验室试验中可能测不出来的综合衰减效应显示出来。热斑耐久试验可确定组件承受热斑加热效应的能力，如这种效应可能导致焊接熔化或封装退化。电池不匹配或裂纹、内部连接失效、局部被遮光或弄脏均会引起这种缺陷。紫外预处理试验是在组件进行热循环/湿冻试验前进行紫外预处理以确定材料或封装边缘是否易受紫外线影响退化。热循环试验可确定组件承受由于温度重复变化而引起的热失配、疲劳和其他应力的能力。湿冻试验主要确定组件承受高温、高湿之后以及随后的零下温度影响的能力。湿热试验目的是确定组件承受长期湿气渗透的能力。可见，环境模拟试验主要检验光伏组件在自然环境下各种材料抗老化的性能，这是保证

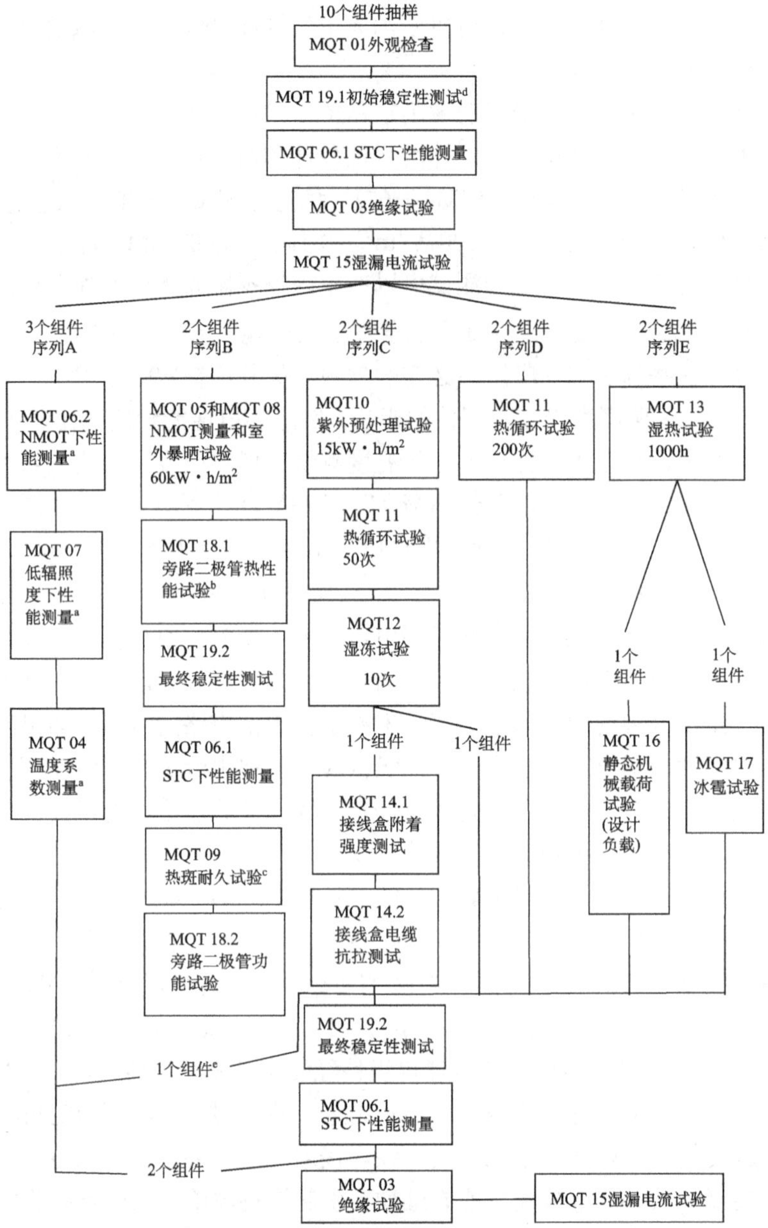

图 6.2　组件设计鉴定和定型完整试验流程

不同上标 a,b,c,d,e 含义如下：a 如果此类型组件执行了 IEC 61853 标准，则可以省略这些测试。但在 IEC 61215 设计鉴定报告中应包含相应测试报告。b 如果不能接触到标准组件中的旁路二极管，则需为旁路二极管热性能试验(MQT 18.1)准备特殊抽样组件，该组件中旁路二极管应按照 IEC 61215-2 的 MQT 18 试验要求，同标准组件一样进行安装并连接引线。此抽样组件不需完成该试验序列中的其他试验。c 对于单独组件上的热斑耐久试验，允许以下测试顺序：MQT 01，MQT 19.1，MQT 06.1，MQT 03，MQT 15，MQT 09 和 MQT 18.2。d 对序列 A 的组件，初始稳定性测试 MQT 19.1 可利用替代稳定过程(见 IEC 61215-2)。e 与序列 B～E 的组件一起进行后续试验，此组件为参照组件，用于确定再现性 r

光伏组件长时间在室外运行的基础。

机械应力试验包括引出端强度试验(MQT 14)、静态机械载荷试验(MQT 16)、冰雹试验(MQT 17)，主要测试光伏组件抵抗外界机械性应变的能力。引出端强度试验是确定引出端、其与组件体的附着以及电缆是否能承受正常安装和搬运操作过程中所受的力。静态机械载荷试验的目的是确定组件经受风、雪或覆冰等静态载荷的能力。冰雹试验验证组件是否能够承受冰雹冲击。

6.1.2　严重外观缺陷

外观检查的目的是检测可能导致可靠性损失(包括功率输出)风险的任何外观缺陷。

在一些情况下，可能需要更多的测试来最终确定是否存在严重外观缺陷。

出于组件设计鉴定和定型目的，以下现象是严重外观缺陷。

(1) 破碎、开裂或撕裂的外表面。

(2) 弯曲或不规整的外表面，包括面板、背板、框架和接线盒，导致影响 PV 组件的运行。

(3) 在电路和组件边缘之间形成连续通道的气泡或脱层。

(4) 如果机械完整性取决于层压或其他黏合方法，则所有气泡面积的总和不得超过组件总面积的 1%。

(5) 密封剂、背板、面板、二极管或 PV 组件有效元件的任何熔融或燃烧现象。

(6) 机械完整性丧失，导致组件安装和运行受损。

(7) 破裂/破碎的电池，其可以从 PV 组件的电路中除去超过 10%的有效电池面积。

(8) 组件有效(带电)电路部分任何层间的空隙或可见腐蚀，延伸超过任一电池面积的 10%以上。

(9) 互连，接头或端子损坏。

(10) 任何短路带电部件或暴露带电部件。

(11) 组件标记(铭牌)未附或信息不可识别。

6.1.3　合格判据

如果所有抽样组件都达到下述判据，则该设计被判定通过鉴定试验，且依据本标准可定型。

如果一个组件未通过任一项试验，取另外两个符合抽样要求的组件进行整个相应试验序列的试验。如果其中的一个或两个组件也未通过试验，该设计被判定达不到鉴定要求。反之如果两个组件都通过实验序列，则该设计达到鉴定要求。

如果两个以上(含两个)组件达不到下述判据，则该设计视为达不到鉴定要求。

1. 功率输出和电路

1) 铭牌标称数值验证→Gate 1

所有组件应按照 IEC 61215-2 的 MQT 19.1 方法进行稳定(特殊技术要求见 IEC 61215-1 的子部分)。稳定后，组件应根据 MQT 06.1 测量最大输出功率[P_{max}(Lab)]，测量数据应在考虑测量不确定度 m_1 的组件铭牌标称功率[P_{max}(NP)]范围内。

(1) P_{max} 验证。

每个单独组件应通过以下判据：

$$P_{max}(\text{Lab})\cdot\left(1+\frac{|m_1|[\%]}{100}\right)\geqslant P_{max}(\text{NP})\cdot\left(1-\frac{|t_1|[\%]}{100}\right) \tag{6.1}$$

式中，P_{max}(Lab)是在稳定状态下每个组件测量的 STC 最大输出功率；P_{max}(NP)是每个组件铭牌上的未含公差标称最大输出功率；m_1 是实验室的 P_{max} 测量不确定度(%)(参照 ISO / IEC Guide 98-3，扩展组合不确定度 k=2)；t_1 是制造商对 P_{max} 的标称生产公差(%)下限。对于 $\overline{P}_{max}(\text{Lab})$，可利用以下判据：

$$\overline{P}_{max}(\text{Lab})\cdot\left(1+\frac{|m_1|[\%]}{100}\right)\geqslant P_{max}(\text{NP}) \tag{6.2}$$

式中，$\overline{P}_{max}(\text{Lab})$ 是在稳定状态下组件测量的 STC 最大输出功率的算术平均值。

对于多个功率等级的情况，对每个功率等级单独应用该判据。

(2) V_{OC} 验证。

每个单独组件应通过以下判据：

$$V_{OC}(\text{Lab})\cdot\left(1+\frac{|m_2|[\%]}{100}\right)\leqslant V_{OC}(\text{NP})\cdot\left(1+\frac{|t_2|[\%]}{100}\right) \tag{6.3}$$

式中，V_{OC}(Lab)是在稳定状态下每个组件测量的最大 V_{OC}；V_{OC}(NP)是每个组件铭牌上未含公差的最大标称 V_{OC}；m_2 是实验室的 V_{OC} 测量不确定度(%)；t_2 是制造商对 V_{OC} 的标称生产公差(%)上限。

(3) I_{SC} 验证。

每个单独组件应通过以下判据：

$$I_{SC}(\text{Lab})\cdot\left(1+\frac{|m_3|[\%]}{100}\right)\leqslant I_{SC}(\text{NP})\cdot\left(1+\frac{|t_3|[\%]}{100}\right) \tag{6.4}$$

式中，I_{SC}(Lab)是在稳定状态下每个组件测量的最大 I_{SC}；I_{SC}(NP)是每个组件铭牌上未含公差的最大标称 I_{SC}；m_3 是实验室的 I_{SC} 测量不确定度(%)；t_3 是制造商对 I_{SC} 的标称生产公差(%)上限。

在最终报告中需说明最大输出功率变高或变低的系统变化。

2) 定型试验期间的最大功率衰减→Gate 2

与初始测量输出功率 P_{max}(Lab_Gate 1)相比，在每个试验序列结束时或序列 B 中旁路二极管试验后，每个组件的输出功率 P_{max}(Lab_Gate 2)衰减应小于 5%。每个抽样组件应通过如下判据：

$$P_{max}\left(\text{Lab\_Gate 2}\right) \geqslant 0.95 \times P_{max}\left(\text{Lab\_Gate 1}\right) \cdot \left(1 - \frac{r[\%]}{100}\right) \tag{6.5}$$

式中，r 为再现性，要确定 P_{max} 的再现性并在公式中使用。再现性 r 应不超过本标准特殊技术要求中的规定。对于晶体硅组件，再现性的最大允许值设定为 $r=1.0(\%)$。

初始稳定(试验开始)和最终稳定(序列 B～E 试验结束)之后，通过比较来自序列 A 的参考组件来确定再现性 r。第二次试验应在完成所有试验后进行。通过下列方式来确定 r。

(1) 同时测量来自序列 B(在 MQT 18.1 之后)、C、D 和 E 的所有组件与序列 A 中的一个参考组件。

(2) 如果(1)由于测试流程限制(序列不同完成时间或客户要求)不能使用，则以下适用。

对于序列 B(在 MQT 18.1 之后)、C、D 和 E，应定义来自序列 A 的一个组件作为参考组件。经稳定后，参考组件与来自可用序列 B、C、D 或 E 的组件一起被测量。对于每个得到的值 r，应满足再现性的要求。

再现性参数 r 不等于 MQT 06.1 的总测量不确定度。建议使用相同太阳模拟器用于测量 P_{max}(Lab_Gate1)和 P_{max}(Lab_Gate2)。

如果参考组件的 r 超过特殊技术要求中的规定，实验室需要利用自己的参考组件检查测试设备是否有故障，或者被测组件是否导致较差再现性，或者是否未处于稳定状态(经过 MQT 19.1 后)。如果所有检查都确认测量设备正常运行，则表明参考组件再现性已超过技术特定限制。在这种情况下，使用特殊技术要求中规定的再现性极限值作为 r。

3) 电路

在试验过程中，无组件呈现断路现象。

2. 外观缺陷

无任何严重外观缺陷。

3. 电气安全

(1) 试验完成后满足绝缘试验(MQT 03)要求。
(2) 每个序列开始时和结束时，满足湿漏电流试验(MQT 15)要求。
(3) 满足单个试验的特殊要求。

6.2　IEC 61730

随着各类型光伏组件的大规模市场应用，特别是在民用建筑上的应用，光伏组件的质量安全性越来越引起人们的重视，为此以欧洲和美国为先导发起了更严格的光伏组件安全性能检测。目前，光伏组件安全性能测试以IEC 61730(光伏组件安全鉴定)与UL 1703(平板型光伏组件安全认证标准)为主。针对在露天气候条件下长期运行的地面用光伏组件(包括晶体硅组件和薄膜组件)，IEC 61730标准主要对由机械或外界环境影响造成的电击、火灾和人身伤害的保护措施进行评估。

2016年8月，IEC发布了最新修订版IEC 61730(Ed. 2.0 2016-08)，新版与旧版(IEC 61730-1 2004，IEC 61730-2 2012)相比，引入大量新概念，如基本绝缘、功能绝缘、加强绝缘、附加绝缘、固体绝缘、(器具)分类、污染等级、漏电起痕指数、材料分组、黏结的接缝、温度指数、相对耐热指数，在电气保护安全、力学性能安全、防火安全、环境耐久安全方面的要求有显著提升，在测试序列方面，新增及调整了很多条款，主要有新增测试序列B、绝缘材料厚度试验、可燃性试验、材料蠕变测试、调整温升试验，删除局部放电测试要求等。

与旧版相同，IEC 61730由两部分组成，IEC 61730-1为结构要求，IEC 61730-2为试验要求。IEC 61730-1描述了光伏组件基本的结构要求，从而保证光伏组件在其使用期内，在电工和机械方面工作时的安全性。标准中有明确的主题来评定由于机械和环境的作用而导致的电击、火灾、人身伤害的阻止措施。IEC 61730-2是为已通过IEC 61730-1的光伏组件提供安全鉴定的试验要求。这些要求是为了减少由于组件应用等级误用、错误使用或内部元件碎裂而引起的火灾、电击和人身伤害。测试范围包括外观检查、电击、火灾、机械压力和环境应力。

下述危险可能影响组件的安全性能，依照这些危险，制定了相关的试验程序。表6.2～表6.6给出了必需试验的汇总。对于一些试验，第三栏给出了试验的来源。

其他的试验基于或同于 IEC 61215 标准中定义的组件鉴定试验(MQT)，涉及的相关条款在最后一栏中给出。

1. 环境应力

表 6.2　环境应力试验

试验	标题	参考标准	基于 IEC 61215-2
MST 51	热循环试验(50 或 200 次循环)	—	MQT 11
MST 52	湿冻试验(10 次循环)	—	MQT 12
MST 53	湿热试验(1000h)	—	MQT 13
MST 54	紫外预处理试验	—	MQT 10
MST 55	寒冷试验	IEC 60068-2-1	—
MST 56	干热试验	IEC 60068-2-2	—

2. 基本检查

表 6.3　基本检查试验

试验	标题	参考标准	基于 IEC 61215-2
MST 01	外观检查	—	MQT 01
MST 02	STC 性能测量	—	MQT 06.1
MST 03	最大功率确定	—	MQT 02
MST 04	绝缘厚度	—	—
MST 05	标记耐久性	IEC 60950-1	—
MST 06	锐利边缘试验	ISO 8124-1	—
MST 07	旁路二极管功能试验	—	—

3. 电击危害

试验的目的是使操作人员免于接触组件由于设计、结构或环境操作错误而带电的部分引起的电击和人身伤害。

表 6.4　电击危害试验

试验	标题	参考标准	基于 IEC 61215-2
MST 11	无障碍试验	IEC 61032	—
MST 12	剪切试验	ANSI/UL 1703:2015	—
MST 13	等电位连接的连续性试验	ANSI/UL 1703:2015	—
MST 14	脉冲电压试验	IEC 60664-1	—
MST 16	绝缘试验	—	MQT 03
MST 17	湿漏电流试验	—	MQT 15
MST 42	引出端强度试验	IEC 62790	MQT 14

4. 火灾

试验用于评估组件由于操作或结构引起的潜在的火灾危险。

表 6.5　火灾试验

试验	标题	参考标准	基于 IEC 61215-2
MST 21	温度试验	ANSI/UL 1703:2015	—
MST 22	热斑耐久试验	—	MQT 09
MST 23*	防火试验	—	国家/地方代码
MST 24	可燃性试验	ISO 11925-2	—
MST 25	旁路二极管热性能试验	—	MQT 18
MST 26	反向过电流试验	ANSI/UL 1703:2015	—

*防火试验受当地监管，一般只有建筑集成或附加产品需要进行，通常用以验证组件抵御来自外部火源的能力

5. 机械压力

试验目的是使机械故障引起的组件伤害降到最低。

表 6.6　机械压力试验

试验	标题	参考标准	参考 IEC 61215-2
MST 32	组件破损量试验	ANSI Z97.1	—
MST 33	螺钉连接试验	IEC 60598-1	—
MST 34	机械载荷试验	—	MQT 16

续表

试验	标题	参考标准	参考 IEC 61215-2
MST 35	剥离试验	ISO 5893	—
MST 36	搭接剪切强度试验	ISO 4587:2003	—
MST 37	材料蠕变试验	—	—
MST 42	引出端强度试验	—	MQT 14

根据 IEC 61730-1：2004，防触电保护的级别与以前的应用等级术语之间的相关性如表 6.7 所示。I 级光伏组件不在本标准范围内。

表 6.7　防触电保护级别与应用等级的相关性

等级（IEC 61140）	应用等级（IEC 61730-1：2004）	描述
0	B	在限制接近区域中应用
I	需要特殊安装方式	所需要特殊安装方式
II	A	在非限制接近区域中应用
III	C	限定电压的基本保护

光伏组件所需要进行的试验与等级相关，其中必需试验在表 6.8 中规定。

表 6.8　不同等级所需试验

等级			试验
II	0	III	
			环境应力试验
×	×	×	MST 51　热循环（50 或 200 次热循环）
×	×	×	MST 52　湿冻试验（10 次循环）
×	×	×	MST 53　湿热试验（200 或 1000h）
×	×	×	MST 54　紫外预处理试验（$15\,kW/m^2$ 或 $60\,kW/m^2$）
×[1]	×[1]	×[1]	MST 55　寒冷试验
×[1]	×[1]	×[1]	MST 56　干热试验
			基本检查试验
×	×	×	MST 01　外观检查
×	×	×	MST 02　STC 性能测量
×	×	×	MST 03　最大功率确定
×	×	–	MST 04　绝缘厚度
×	×	×	MST 05　标记耐久性
×	×	×	MST 06　锐利边缘试验

续表

等级			试验
II	0	III	
			电击危害试验
×	×	–	MST 11　无障碍试验
×	×	–	MST 12　剪切试验
×	×	–	MST 13　等电位连接的连续性试验
×	×	–	MST 14　脉冲电压试验
×	×	×	MST 16　绝缘试验
×	×	–	MST 17　湿漏电流试验
×	×	×	MST 42　引出端强度试验
			火灾试验
×	×	×	MST 21　温度试验
×	×	×	MST 22　热斑耐久试验
×[2]	×[2]	×[2]	MST 23　防火试验
×	×	×	MST 24　可燃性试验
×	×	×	MST 25　旁路二极管热性能试验
×	×	–	MST 26　反向过电流试验
			机械压力试验
×	×	×	MST 32　组件破损量试验
×	×	×	MST 33　螺钉连接试验
×	×	×	MST 34　机械载荷试验
×[3,5]	×[3,5]	×[3,5]	MST 35　剥离试验
×[4,5]	×[4,5]	×[4,5]	MST 36　搭接剪切强度试验
×	×	×	MST 37　材料蠕变试验

注：×需要试验；– 不需要试验。

1.仅为证明污染度减少(PD = 2 至 PD = 1)时需要试验。

2.防火试验受国家监管，一般只有建筑集成或附加产品需要进行。因此，防火试验的适用性并不取决于等级，而在安装位置。

3.此试验不适用于刚性对刚性黏结组件(如玻璃/玻璃光伏组件)。

4.此试验不适用于刚性-柔性或柔性-柔性黏结组件。

5.只在验证光伏组件边缘的胶结接头时需要

组件安全试验流程如图 6.3 所示。光伏组件应分成不同组并且按指定的顺序进行安全试验。其中序列 B 的光伏组件在第一个 $60kW\cdot h/m^2$ 辐射量累积期间从试样的前侧照射，并且在第二个 $60kW\cdot h/m^2$ 期间从背侧照射(MST 54)。通过这样做，光伏组件的前侧和后侧暴露于相同的紫外辐射量中。

如果每一个样品达到所有试验标准，并且在试验序列 A～F 中没有电路开路现象，则认为该组件设计通过安全鉴定。如果有任何一个样品未通过任一试验，则认为进行认证的产品不满足安全试验的要求。

6.3　UL 1703

UL 1703 标准是美国安全检测实验室制定的光伏组件安全性能检测标准，是产品获得 UL 安全认证的强制性的安全认证检测标准。UL 标准以产品在应用条件下的结构安全、环境安全与对人身是否有安全隐患等为主进行检测评估。多数光伏组件是处于日晒雨淋酷暑寒冬的使用环境，因此其可靠性与安全性不容忽视，有别于 IEC 61215 规范标准，IEC 61215 是针对光伏组件的电与热性能进行测试，而 UL 1703 则是以更严格的角度强调，涵盖光伏组件的性能测试、安全测试和长期可靠性测试，要求产品必须通过如防火测试及老化测试等试验，以确认这些材料能长期承受户外恶劣的使用环境，降低灾害发生的机率，所以美规标准 UL 1703 相较于欧规标准 IEC 61215 有更为严苛的安全性要求。

标准中的要求适用于安装在建筑物或与建筑物集成的平面光伏组件，也适用于独立应用的光伏组件，其系统电压要求不超过 1000V。

标准包括产品结构、性能、生产线测试等多项要求。性能试验总共包含 23 项，见表 6.9。组件抽样以及局部的、典型的样品都应该进行表 6.9 中提及的试验。除需按照图 6.4 中特殊指明试验顺序进行相关性能试验外，表 6.9 中试验项目顺序仅仅是为了使用方便，不表明任何一个样品都必须遵从表中全部或部分测试顺序。

除非样品有特定的试验顺序要求，否则每一抽样应该进行任何一项测试。以下情况除外：系统额定开路电压小于 30V 以及额定短路电流小于 8A 的组件，只要求进行温度试验、电压电流测量、拉力试验、压力试验、接线电阻测试、绝缘体耐电压试验。

依据试验项目的目的类型可将试验项目分成六类：环境试验、电气测量、机械试验、安全试验、辐照试验和诊断测量等。

环境试验包括温度试验、加速老化试验、温度循环试验、湿度试验和大气腐蚀试验。

电气测量包括电压电流测量、漏电流试验、接线电阻测试和湿绝缘电阻试验。

机械试验包括拉力试验、压力试验、剪切试验、接线端扭曲试验、撞击试验、机械载荷试验和导线间隔安全性试验。

安全试验包括绝缘体耐电压试验、反向电流过载试验、防火试验、喷淋试验和电弧试验。

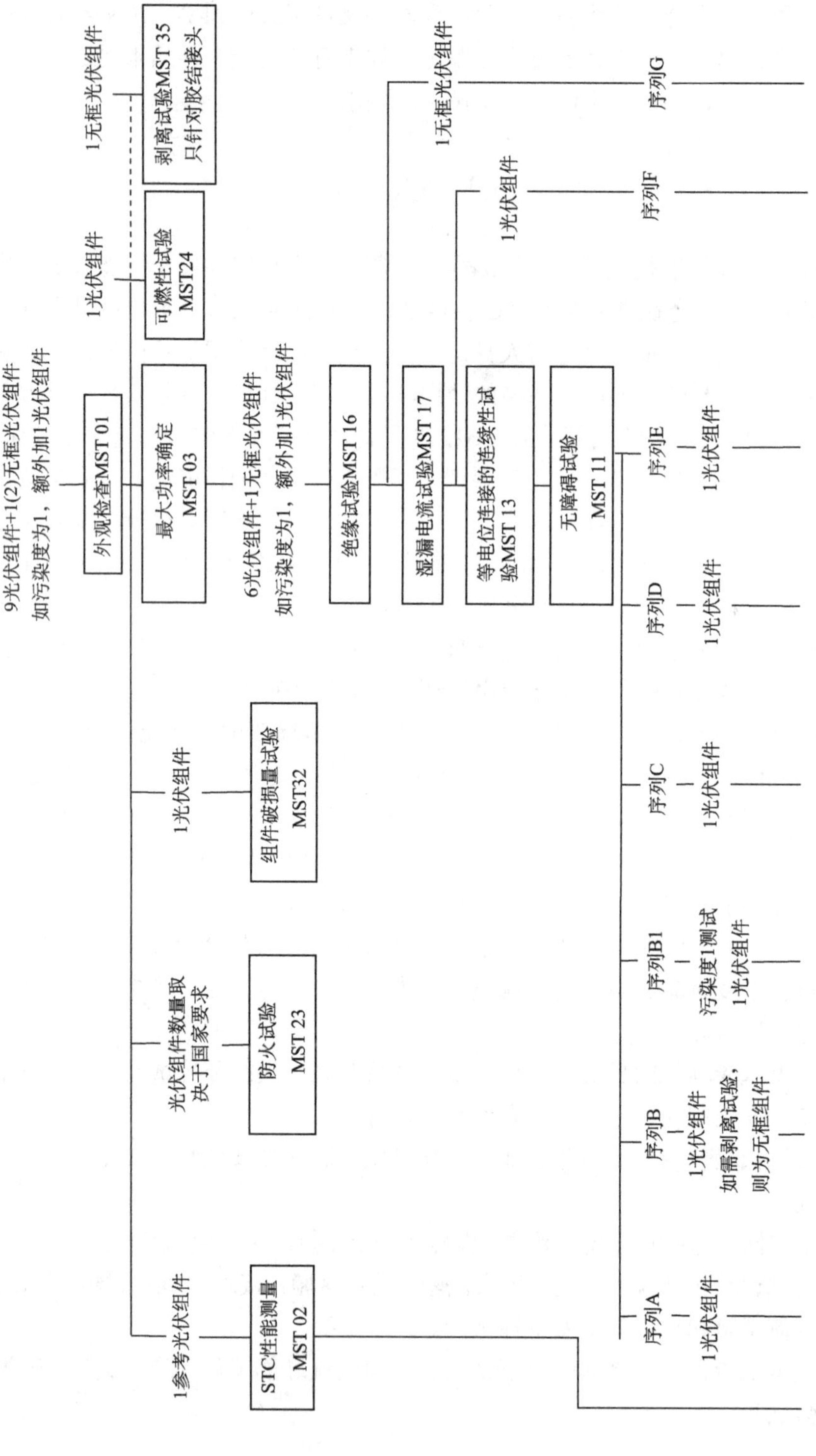
9光伏组件+1(2)无框光伏组件
如污染度为1，额外加1光伏组件
外观检查MST 01
1光伏组件
可燃性试验
MST24
1无框光伏组件
剥离试验MST 35
只针对胶结接头
最大功率确定
MST 03
6光伏组件+1无框光伏组件
如污染度为1，额外加1光伏组件
绝缘试验MST 16
湿漏电流试验MST 17
1无框光伏组件
序列G
等电位连接的连续性试验MST 13
1光伏组件
序列F
无障碍试验
MST 11
序列E
1光伏组件
序列D
1光伏组件
1光伏组件
组件破损量试验
MST32
序列C
1光伏组件
光伏组件数量取
决于国家要求
防火试验
MST 23
序列B1
污染度1测试
1光伏组件
序列B
1光伏组件
如需剥离试验，
则为无框组件
1参考光伏组件
STC性能测量
MST 02
序列A
1光伏组件

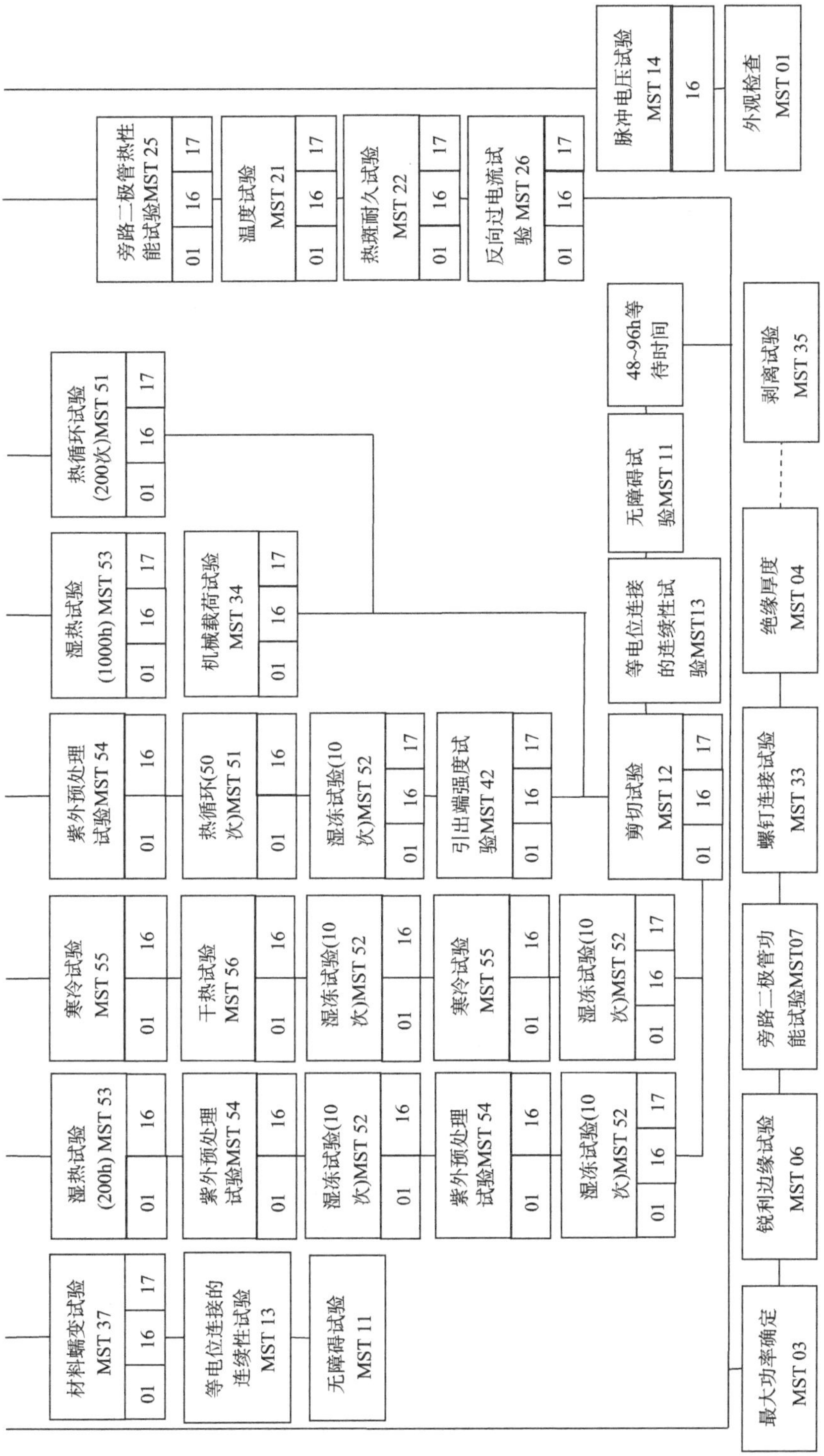

图 6.3　IEC61730 安全试验流程图

辐照试验包括热斑耐久试验。

诊断测量包括金属镀层厚度测量。

表 6.9　UL 1703 性能试验汇总

目录编号	试验名称	所需抽样数
UL 1703-19	温度试验	1
UL 1703-20	电压电流测量	1
UL 1703-21	漏电流试验	3
UL 1703-22	拉力试验	1
UL 1703-23	压力试验	1
UL 1703-24	剪切试验	1
UL 1703-25	接线电阻测试	3
UL 1703-26	绝缘体耐电压试验	3
UL 1703-27	湿绝缘电阻试验	3
UL 1703-28	反向电流过载试验	1
UL 1703-29	接线端扭曲试验	1
UL 1703-30	撞击试验	1
UL 1703-31	防火试验	a
UL 1703-33	喷淋试验	1
UL 1703-34	加速老化试验	b
UL 1703-35	温度循环试验	3
UL 1703-36	湿度试验	3
UL 1703-37	大气腐蚀试验	2
UL 1703-38	金属镀层厚度测量	1
UL 1703-39	热斑耐久试验	1
UL 1703-40	电弧试验	c
UL1703-41	机械载荷试验	1
UL 1703-42	导线间隔安全性试验	1

注：a 与组件尺寸有关；

b 与密封垫尺寸及密封材料有关；

c 为 1 或多个，取决于所选测试流程

图 6.4　UL1703 性能试验流程图

思　考　题

6-1　IEC 61215 标准和 IEC 61730 标准测试目的有何不同？

6-2　查询相关标准，确定 IEC 61215、IEC 61730 和 UL 1703 中的抽样分别是如何得到的？所需数量为多少？

6-3　IEC 61215 的通过标准是什么？

第 7 章　组件重测标准

7.1　光伏组件重测概述

光伏技术在持续发展，为降低成本提高效率，企业也在不断改进工艺，如果已经认证过的光伏组件的设计、材料、元件或工序发生改变，还能保证其符合原标准的要求吗？组件原料选择、元件和制造工艺工序的变化，可能会影响产品的电气性能、可靠性和安全性。

那么该如何进行评估以保持其原有标准的认证？显然，如果按照新产品进行全部的试验重测，费时费力，也提高了企业的成本。为此，IEC 制定了相应标准的重测导则[①]，提出了统一的办法，来保持改进后光伏组件的认证。在设计、材料、元件或组件工艺方面的任何改变，可能需要标准测试系列中部分或全部试验的重测，以保持定型。

重测导则一般格式为主要修改的标题和具体支持的例子，然后是建议重测试验顺序。重测程序的抽样数目、通过/失败的标准均依照原用来认证该产品的标准要求。

在通过重新测试后，可以认为新组件兼容相关标准的要求，并可给以相应的 CB 评估证书和技术测试报告。

7.2　IEC 61215(IEC 61646)重测导则

该导则要求，每个新组件的抽样都应进行预处理，然后检查标签上的 STC 额定功率是否符合。在重测实验项目的前后，应进行外观检查、最大功率确定、绝缘试验、湿漏电流试验。

IEC 61646 的重测导则中，薄膜电池的改动详情正在制定；对每个测试抽样均需进行最终光浸润试验。

---

① 现行重测导则所对应标准分别为 IEC 61215 2005 版和 IEC 61730 2012 版。IEC 61215 和 IEC 61730 分别新颁布了 2016 版，由于时间关系，目前相应重测导则在制定中，还未颁布。

1. 导则具体内容

1) 电池片工艺变更

更改如下：

(1) 金属化材料(栅线材料)和工艺；

(2) 减反射涂层膜材料；

(3) 扩散工艺；

(4) 半导体层材料；

(5) 电池工艺顺序，如果改变涉及金属化系统；

(6) 生产地发生变化且不在原来的 QA（Quality Assessment，质量评价）系统；

(7) 来自不同制造商的电池片；

(8) 厚度大于 200 μm 电池片厚度减少超过 25%，厚度小于等于 200 μm 电池片厚度减少超过 17.5%。

重做：

(1) 热循环试验 200 次；

(2) 湿热试验，如果电池片的外层材料(金属镀层和减反射膜)没有更改可以不做湿热试验；

(3) 热斑耐久试验；

(4) 机械载荷试验，只针对电池片厚度减小的情况下做此试验。

2) 封装系统变更

更改如下：

(1) 不同材料；

(2) 不同添加剂；

(3) 封装工艺的变更，如固化速度变更。

重做：

(1) 紫外预处理试验，热循环试验 50 次，湿冻试验；

(2) 湿热试验；

(3) 冰雹试验，如果不采用钢化玻璃需做此试验；

(4) 热斑耐久试验，如果材料成分更改需做此试验。

3) 面板变更

更改如下：

(1) 不同材料；

(2) 厚度减少 10%以上；

(3) 热处理工艺不同的玻璃(如钢化玻璃改成热加强或退火玻璃)；

(4) 不同表面处理(如果黏合剂或底层漆与封装材料直接接触)；

(5) 如果从玻璃改成非玻璃或反之，则应该看成全新的产品。

重做：

(1) 紫外预处理试验，热循环试验 50 次，湿冻试验；

(2) 机械载荷试验；

(3) 冰雹试验；

(4) 湿热试验，如果面板非玻璃则做此试验；

(5) 热斑耐久试验，如果面板非玻璃且材料更改或厚度减少则做此试验；

(6) 室外暴晒试验，如果材料更改则需做此试验。

4) 组件尺寸增加

更改如下：

长或宽增加 20%以上。

重做：

(1) 热循环试验 200 次；

(2) 机械载荷试验；

(3) 冰雹试验，总面积增加超过 50%需做此试验。

5) 背板变更

更改如下：

(1) 不同材料；

(2) 厚度减少 20%以上；

(3) 不同的附加物、表面处理、黏合剂或底层漆。

重做：

(1) 紫外预处理试验，热循环试验 50 次，湿冻试验；

(2) 引出端强度试验；

(3) 湿热试验，背板非玻璃需做此试验；

(4) 冰雹试验，如果依靠背板支撑则需做此试验；

(5) 机械载荷试验，如果安装需要背板的支撑则需做此试验。

无论是从面板到背板的设计更改，还是从背板到面板的设计更改，均需按照 IEC 61215 测试程序全部重测。

6) 边框和安装结构变更

更改如下：

(1) 边框截面；

(2) 边框材料；

(3) 安装方式。

重做：

(1) 机械载荷试验；

(2) 室外暴晒试验，如果是塑料边框则需做此试验；

(3) 紫外预处理试验，热循环试验 50 次，湿冻试验，如果使用塑料材质则需做此试验；

(4) 湿热试验，如果组件安装时采用了黏合剂，则需做此试验；

(5) 热循环试验 200 次，如果组件安装时采用了黏合剂，则需做此试验。

7) 接线盒或电气引出端变更

更改如下：

(1) 不同材料；

(2) 不同设计；

(3) 不同灌装材料；

(4) 不同安装方式。

重做：

(1) 热循环试验 50 次，湿冻试验；

(2) 引出端强度试验；

(3) 湿热试验；

(4) 旁路二极管热性能试验，如果旁路二极管封装在接线盒内，则需做此试验。

8) 电池互联的材料或方式变更

更改如下：

(1) 不同互联条材料；

(2) 增加互联条厚度（针对增加厚度大于 40μm 的情况，如果新的焊带厚度小于100μm 则不需重测）；

(3) 不同焊接技术；

(4) 不同的互联数量；

(5) 不同电池的焊接数量；

(6) 不同的焊接材料或助焊材料。

重做：

(1) 热循环试验 200 次；

(2) 湿热试验，针对材料改变的情况；

(3) 热斑耐久试验，针对焊接技术或焊锡材料变化的情况。

9) 相同封装的电路变更

更改如下：

(1) 变更互联电路（如旁路二极管并接的电池串联数增加，输出引线的重新走线)；

(2)电压的重新配置(如 12V 改成 24V)。

重做：

(1)热斑耐久试验，针对二极管旁路电池片数增加的情况；

(2)旁路二极管热性能试验，针对通过二极管的电流增加的情况；

(3)热循环试验 200 次，针对电池片背后通过有内连条的情况。

10)在相同的封装(包括尺寸)和采用相同电池工艺的情况下，其功率输出高于或低于 10%以上

重做：

(1)热斑耐久试验；

(2)旁路二极管热性能试验，针对功率增加超过 10%的情况。

11)已定型的有边框组件变更为无边框组件

重做试验时，层压板的安装使用厂家的安装说明。

重做：

(1)湿热实验，如果边框是封装的一部分；

(2)机械载荷试验；

(3)冰雹试验，面板是钢化玻璃的不做此试验。

12)旁路二极管变更

更改如下：

(1)电流或温度等级降低；

(2)组件中二极管数量改变；

(3)不同类型或制造商。

重做：

旁路二极管热性能试验。

2. 组件重测特例

如果组件中所有结构元件、采用的材料和工艺(包括电池片工艺)都相同，则以下的更改不要求组件重测。

(1)组件中的电池片数减少；

(2)组件中的电池片减小，只要每个电池片具有相同数目或面积的互连，相同面积上的焊点数相同。

7.3　IEC 61730 重测导则

1. 导则具体内容

1) 电池片工艺变更

更改如下：

(1) 金属化材料(栅线材料)和工艺；

(2) 减反射镀层膜材料；

(3) 扩散工艺；

(4) 半导体层材料；

(5) 电池工艺顺序，如果改变涉及金属化系统需；

(6) 生产地发生变化且不在原来的 QA 系统；

(7) 来自不同制造商的电池片；

(8) 电池片厚度减少超过 25%。

重做：

(1) 热斑耐久试验(MST 22)；

(2) 反向过电流试验(MST 26)；

(3) 温度试验(MST 21)。

2) 封装系统变更

更改如下：

(1) 不同材料；

(2) 不同添加剂；

(3) 封装工艺的变更，如固化速度变更。

重做：

(1) 湿热试验(MST 53)；

(2) 湿漏电流试验(MST 17)；

(3) 绝缘试验(MST 16)；

(4) 热斑耐久试验(MST 22)，如果材料成分更改需做此试验；

(5) 剪切试验(MST 12)，脉冲电压试验(MST 14)，如果材料成分更改需做此试验；

(6) 防火试验(MST 23)，组件破损量试验(MST 32)，如果材料成分更改需做此试验；

(7) 热循环试验 50 次(MST 51, T50)，湿冻试验(MST 52, 10HF)。

3)面板变更

更改如下：

(1)不同材料；

(2)厚度减少 10%以上；

(3)热处理工艺不同的玻璃(如钢化玻璃改成热加强或退火玻璃)；

(4)不同表面处理(如果黏合剂或底层漆与封装材料直接接触)；

(5)如果从玻璃改成非玻璃或反之，则应该看成全新的产品。

重做：

(1)湿热试验(MST 53)，如果面板非玻璃则做此试验；

(2)湿漏电流试验(MST 17)，如果面板非玻璃则做此试验；

(3)热斑耐久试验(MST 22)，如果材料成分更改或玻璃厚度减少需做此试验；

(4)绝缘试验(MST 16)，剪切试验(MST 12)，如果面板非玻璃则做此试验；

(5)脉冲电压试验(MST 14)，如果面板非玻璃或玻璃厚度减少则做此试验；

(6)组件破损量试验(MST 32)，如果材料成分或玻璃厚度更改需做此试验；

(7)机械载荷试验(MST 34)，如果材料成分或玻璃厚度更改需做此试验。

4)组件尺寸增加

更改如下：

长或宽增加 20%以上

重做：

(1)组件破损量试验(MST 32)；

(2)机械载荷试验(MST 34)。

5)背板变更

更改如下：

(1)不同材料；

(2)不同厚度；

(3)不同的附加物、表面处理、黏合剂或底层漆。

重做：

(1)湿热试验(MST 53)，如果背板非玻璃则做此试验；

(2)湿漏电流试验(MST 17)；

(3)绝缘试验(MST 16)，剪切试验(MST 12)，如果背板非玻璃则做此试验；

(4)脉冲电压试验(MST 14)，如果背板非玻璃则做此试验；

(5)防火试验(MST 23)，如果材料成分更改需做此试验；

(6)温度试验(MST 21)，如果材料成分更改需做此试验；

(7)局部放电试验(MST 15)，如果是背板非玻璃且材料成分或背板厚度更改则做此试验。

无论是从面板到背板的设计更改，还是从背板到面板的设计更改，都将按照 IEC 61730 测试程序全部重测。

6) 边框和安装结构变更

更改如下：

(1) 边框截面；

(2) 边框材料；

(3) 安装方式。

重做：

(1) 湿热试验 (MST 53)，如果组件安装时采用了黏合剂且层压板和边框之间表面接触减少，则需做此试验；

(2) 绝缘试验 (MST 16)，如果层压板接触的面积或位置发生变化则需做此试验；

(3) 湿漏电流试验 (MST 17)，如果层压板接触的面积或位置发生变化则需做此试验；

(4) 接地连续性试验 (MST 13)，如果安装方式改变则需做此试验；

(5) 防火试验 (MST 23)，如果新的框架结构易燃需做此试验。

7) 接线盒或电气引出端变更

更改如下：

(1) 不同材料；

(2) 不同设计；

(3) 不同灌装材料；

(4) 不同安装方式。

重做：

(1) 湿热试验 (MST 53)；

(2) 湿漏电流试验 (MST 17)；

(3) 绝缘试验 (MST 16)；

(4) 无障碍实验 (MST 11)；

(5) 导线管弯曲试验 (MST 33)，如果厚度减少或聚合物材料改变则需做此试验；

(6) 可敲落的接线盒试验 (MST 44)，如果厚度减少或聚合物材料改变则需做此试验。

8) 电池互连的材料或方式变更

更改如下：

(1) 不同互连条材料；

(2) 不同互连条厚度；

(3) 不同焊接技术；

(4) 不同的互连条数量；

(5) 不同的焊接数量；

(6) 不同的焊接材料或助焊材料。

重做：

(1) 热斑耐久试验 (MST 22)，针对焊接技术或焊锡材料变化的情况；

(2) 反向过电流试验 (MST 26)。

9) 相同封装的电路变更

更改如下：

(1) 变更互连电路 (如旁路二极管并接的电池串联数增加，输出引线的重新走线)；

(2) 电压的重新配置 (如 12V 改成 24V)。

重做：

(1) 热斑耐久试验 (MST 22)；

(2) 温度试验 (MST 21)；

(3) 反向过电流试验 (MST 26)。

10) 在相同的封装 (包括尺寸) 和采用相同电池工艺的情况下，其功率输出高于或低于 10%以上

重做：

(1) 热斑耐久试验 (MST 22)；

(2) 反向过电流试验 (MST 26)。

11) 已定型的有边框组件变更为无边框组件

重做试验时，层压板的安装使用厂家的安装说明。

重做：

(1) 湿热试验 (MST 53)，如果边框是封装的一部分；

(2) 湿漏电流试验 (MST 17)；

(3) 绝缘试验 (MST 16)；

(4) 机械载荷试验 (MST 34)；

(5) 组件破损量试验 (MST 32)。

2. 组件重测特例

如果组件中所有结构元件、采用的材料和工艺 (包括电池片工艺) 都相同，则以下的更改不要求组件重测。

(1) 组件中的电池片数减少；

(2) 组件上的电池片减小，只要每个电池片具有相同数目或面积的互连，相同面积上的焊点数相同；

(3) 具有相同数目电池片情况下组件面积增大 20%以内。

思　考　题

7-1　某型号的组件，在制造过程中使用的材料有所更改，具体如下：

(1) 采用的钢化玻璃厚度从 3.2mm 减少为 2.85mm；

(2) 采用表面花纹焊带代替传统焊带；

(3) 为紧固接线盒，除了采用硅胶黏合，新加上紧固螺丝。

则需要进行哪些测试，以保持该型号组件符合 IEC 61215 的认证？

参考文献

陈成钧. 2012. 太阳能物理[M]. 连晓峰, 译. 北京: 机械工业出版社.

杜景龙, 唐大伟, 黄湘. 2012. 太阳模拟器的研究概况及发展趋势[J]. 太阳能学报, 33: 70-76.

段春艳, 班群, 林涛. 2016. 光伏产品检测技术[M]. 北京: 化学工业出版社.

胡润青, 王宗, 谢秉鑫, 等. 2009. 中国太阳能热水器标准、检测和认证体系[M]. 北京: 化学工业出版社.

蔺佳, 桑丽霞, 张静, 等. 2015. 太阳光模拟器的解析、应用及其发展[J]. 太阳能, 10: 37-43.

刘海涛, 边莉, 翟永辉. 2006. 光伏电池测试中的光谱失配误差修正[J]. 阳光能源, 1: 51-53.

刘胡炜, 孟赟, 曹寅. 2014. 光谱失配误差对光伏组件测试的影响研究[J]. 质量与标准化, 1: 46-49.

刘鉴民. 2010. 太阳能利用原理•技术•工程[M]. 北京: 电子工业出版社.

吕涛. 2014. 高准直高辐射照度的太阳模拟技术研究[D]. 长春: 中国科学院长春光学精密机械与物理研究所.

沈文忠. 2013. 太阳能光伏技术与应用[M]. 上海: 上海交通大学出版社.

苏拾, 张国玉, 付芸, 等. 2012. 太阳模拟器的新发展[J]. 激光与光电子学进展, 7: 17-24.

王盛强, 李婷婷. 2016. 晶体硅组件电致光(EL)检测应用及缺陷分析[J]. 科技创新与应用, 1: 89-90.

王志明. 2009. 在线太阳电池测试系统关键技术研究[D]. 上海: 上海大学.

吴瑜之, 彭银生. 2005. 晶体硅太阳电池选择性扩散的研究[J]. 太阳能学报, 26(5): 635-638.

谢卿, 高华, 杨乐. 2012. 硅太阳电池扩散方阻均匀性研究[J]. 光电技术应用, 27(3): 50-53.

杨超, 沈鸿烈, 吴京波, 等. 2011. Ⅱ类单晶硅片太阳电池扩散工艺的优化研究[J]. 半导体光电, 32(3): 369-374.

张阳东. 2015-5-13. AM1.5G 怎么来的? [OL]. http: //blog. sciencenet. cn/blog-616448-889852. html(张阳东科学网博客).

中国标准出版社. 2016. 光伏产业标准汇编: 通用基础、光伏组件卷[M]. 北京: 中国标准出版社.

朱美芳, 熊绍珍. 2014. 太阳电池基础与应用[M]. 2 版. 北京: 科学出版社.

Green M A. 2010. 太阳能电池工作原理、技术和系统应用[M]. 狄大卫, 曹昭阳, 李秀文, 等译. 上海: 上海交通大学出版社.

Markvart T, Castañer L. 2011. 太阳电池: 材料、制备工艺及检测[M]. 梁骏吾, 等译. 北京: 机械工业出版社.

Messenger R A, Ventre J. 2012. 光伏系统工程[M]. 王一波, 廖华, 伍春生, 译. 北京: 机械工业出版社.

Nelson J. 2011. 太阳能电池物理[M]. 高扬, 译. 上海: 上海交通大学出版社.

Wenham S R, Green M A, Watt M E, et al. 2008. 应用光伏学[M]. 狄大卫, 等译. 上海: 上海交通大学出版社.

附　　录

附表 1 和附表 2 分别为单面扩散和双面扩散所得薄层方形四探针法测方阻的修正系数。

附表 1　单面扩散矩形薄片方形四探针的修正系数

d/S	a/d			
	1	2	3	∞
1.00	4.532*	1.782	1.714	1.7075
	4.532**	16.690	18.096	18.1633
1.50	4.651	3.094	3.044	3.0417
	4.651	8.251	8.492	8.5034
2.00	5.117	4.272	4.241	4.2391
	5.117	7.316	7.440	7.4462
3.00	6.252	5.990	5.978	5.9772
	6.252	7.598	7.664	7.6674
5.00	7.650	7.631	7.628	7.6280
	7.650	8.330	8.360	8.3616
10.00	8.643	8.655	8.655	8.6548
	8.643	8.851	8.860	8.8605
15.00	8.871	8.878	8.878	8.8777
	8.871	8.967	8.971	8.9713
20.00	8.954	8.958	8.958	8.9585
	8.954	9.009	9.016	9.0116
40.00	9.037	9.038	9.038	9.0379
	9.037	9.051	9.051	9.0513
∞	9.0647	9.0647	9.0647	9.0647

*四探针置于中心，电流探针平行长边；

**四探针置于中心，电流探针垂直长边

附表 2　双面扩散矩形薄片方形四探针的修正系数

$(d+t)/S$	$(a+t)/(d+t)$			
	1	2	3	∞
1.00	9.065*	3.564	3.421	3.4149
	9.065**	33.381	36.192	36.3267
1.50	9.065	5.700	5.588	5.5834
	9.065	15.566	15.994	16.0134
2.00	9.065	6.914	6.833	6.8299
	9.065	12.180	12.351	12.3590
3.00	9.065	8.012	7.968	7.9663
	9.065	10.306	10.367	10.3697
5.00	9.065	8.666	8.648	8.6475
	9.065	9.488	9.508	9.5086
10.00	9.065	8.963	8.958	8.9580
	9.065	8.168	9.173	9.1731
15.00	9.065	9.019	9.017	9.0171
	9.065	9.110	9.113	9.1126
20.00	9.065	9.039	9.038	9.0379
	9.065	9.090	9.092	9.0917
40.00	9.065	9.058	9.058	9.0580
	9.065	9.071	9.071	9.0714
∞	9.0647			

*, **含义同附表 1